Lerntheorie und der sanfte Weg zur Unterordnung

Milos Miodragovic

de-Ausbildung

Lerntheorie und der sanfte Weg zur Unterordnung

Milos Miodragovic

Müller Rüschlikon

Einbandgestaltung: Kornelia Erlewein

Titelbilder: Ruedi Fischli

Bildnachweis:
Die Fotos auf den Seiten 10, 32 bis 38 stammen von Nina Miodragovic. Vignetten Seite 6, 7, 20, 21, 30, 158, 159 Fotolia©Kirsty Pargeter

Alle übrigen Fotos wurden von Ruedi Fischli erstellt.

ISBN 978-3-275-01763-8

Postfach 103743, 70032 Stuttgart
Ein Unternehmen der Paul Pietsch Verlage GmbH & Co. KG
Lizenznehmer der Bucheli Verlags AG, Baarerstr. 43, CH-6304 Zug

1. Auflage 2011

Sie finden uns im Internet unter
www.mueller-rueschlikon-verlag.de

Lektorat: Claudia König
Innengestaltung: Kornelia Erlewein
Druck und Bindung: Gutenberg Press Ltd., Tarxien
Printed in Malta

Inhalt

Vorwort und Danksagung

SEIT MEINER SCHULZEIT hat sich der Unterrichtsstil stark gewandelt. Auch in der Hundeausbildung hat sich vieles geändert. Nicht zu Unrecht hat ihr über viele Jahrzehnte das Image: »Ledermantel, militärischer Ton und Dressur«, angehaftet. Das ist heute passé. Der Hund wird nicht mehr als Kreatur angesehen, die ihrem Herrn und Meister Kadavergehorsam schuldet und das ist gut so. Hund und Hundeführer sind heute Partner, ein Team – gerade im Sport.
Der Hundeführer macht über Motivation, Körpersprache und Kommunikation, und nicht über rohe Gewalt, seinem Hund verständlich, welche Übungen er von ihm verlangt. Heute wissen wir: Der Erfolg hängt in erster Linie vom Verhalten des Menschen ab. In diesem Buch zeige ich Ihnen, wie Sie an sich arbeiten und sich und Ihren Hund in kleinen Schritten zum Erfolg führen können.

MEIN WICHTIGSTES ANLIEGEN ist es, die Gliederung der Grundausbildung so zu gestalten, dass jede Überforderung des Teams Hund – Hundeführer vermieden wird. Die Bildserien in diesem Buch werden Ihnen helfen, das Geschriebene besser in die Praxis umzusetzen.

Bitte denken Sie bei der Arbeit mit Ihrem Hund immer daran, dass die Grundausbildung Monate beansprucht. Dieses Buch soll kein Leitfaden für eine Schnellbleiche, sondern Anleitung für eine präzise Ausbildung sein. Präzision muss zuerst vom Hundeführer erarbeitet werden, bevor sie an den Hund weitergegeben und gefestigt wird. Das geht nicht von heute auf morgen. »In der Ausbildung soll man Zeit verlieren, um Zeit zu gewinnen«, das ist das Motto dieses Buches.

Hundesport kann man nicht allein trainieren. Über viele Jahre hatte ich das Glück, mit hervorragenden Kynologinnen und Kynologen zusammenzuarbeiten. Von allen konnte ich durch Beobachten ihrer Arbeit mit den Hunden lernen, vor allem aber durch ihre konstruktive Kritik an meiner Arbeit mit meinen eigenen Hunden. Ich danke allen Kolleginnen und Kollegen, die mich zu Geduld angehalten haben, mir aufgezeigt haben, wann und warum ich einen falschen Weg in der Ausbildung eingeschlagen hatte, und die mich auf neue Ideen gebracht haben.

Hundesport kann man auch nicht betreiben, ohne das Verständnis und die Unterstützung der Familie. Mein größter Dank gilt meiner Frau Sonja. Seit vielen Jahren hat sie alle meine Aktivitäten unterstützt und mitgetragen. Auch dieses Buch konnte nur entstehen, weil sie mich in Momenten der Mutlosigkeit ermuntert hat weiterzumachen und nicht aufzugeben. Sie war all die Jahre, und wird es hoffentlich auch in Zukunft bleiben, meine größte moralische Stütze.

Meiner Tochter Mila danke ich für alle Tipps einer Pädagogin, ihre Beobachtungen und Fragen zur Entwicklung und dem Verhalten meiner Hunde, ebenso für den gelegentlichen Hütedienst.

Mit unserer jüngeren Tochter Nina trainiere ich seit vielen Jahren regelmäßig. Sie ist meine schärfste konstruktive Kritikerin. Dafür gebührt ihr mein tiefer Dank, ebenso für ihre Unbefangenheit, etwas Neues auszuprobieren und die ganze Trainingsgruppe dafür zu begeistern. Vor allem ihre Beobachtungsgabe und analytische Fähigkeit sind für mich eine große Unterstützung.
Silvia Peter und Claude Hockenjos danke ich für die vielen gemeinsamen Trainingsstunden. Wir haben darin versucht, die Lerntheorie in die Praxis umzusetzen. Auch die vielen Diskussionen darüber waren anregend und spannend.

Meinem Freund Ruedi Fischli, dem begnadeten Fotografen, danke ich für die Geduld und das Einbringen von Ideen bei den tagelangen Fotositzungen. Das Ergebnis waren zweitausend Bilder, aus denen ich die Auswahl für dieses Buch treffen konnte.

Auch wenn sie nie lesen werden können, gebührt allen meinen Hunden Dank. Ero, Diva, Kojak und Kurt haben mir viel geschenkt, für vieles die Augen geöffnet. Die Bereitschaft von Kojak zur Zusammenarbeit an den langen Fotositzungen war beeindruckend. Dank meinen Hunden bin ich ein anderer Mensch geworden, sicher geduldiger und toleranter.

Was ist Unterordnung?

DIE BILDER KENNEN WIR ALLE: Lawinen haben Skifahrer verschüttet, Erdbeben ganze Städte in Schutt gelegt. Die Rettungskolonnen versuchen im verzweifelten Kampf gegen die Uhr Verschüttete zu orten und zu bergen. Trotz aller technischen Fortschritte, sind es die Hundeführer mit ihren Tieren, die an vorderster Front kämpfen, um Leben zu retten.

Das kynologische Einmaleins für die Ausbildung im Rettungsbereich holen sich die Hundeführer im Hundesport. In den Vereinen werden sie ausgebildet und legen mit ihren Hunden Prüfungen ab. Je nach Sparte sind die Anforderungen in der internationalen oder in nationalen Prüfungsordnungen festgelegt. An den meisten Prüfungen ist die so genannte Unterordnung ein Teil der gesamten Prüfung.
An einer Eiskunstlaufmeisterschaft müssen ein Kür- und ein Pflichtteil gezeigt werden. Die Unterordnung, als Teil einer Hundesportprüfung, ist mit dem Pflichtteil des Schlittschuhläufers gut vergleichbar. Nach den Regeln der Prüfungsordnung muss der Hundeführer seinen Hund bestimmte Bewegungsabläufe, Sprünge oder Stellungen zeigen lassen. Das Team wird für die Darbietung benotet und diese Wertung ist ein Teil der Gesamtnote einer Prüfung.

Das abstoßende Wort »Unterordnung« stammt aus der Steinzeit des Hundesports und ist zum stehenden Begriff geworden. Wurden die Hunde damals tatsächlich untergeordnet, so ist es heute das Ziel, eine harmonische und freudig vorgetragene Unterordnung zu zeigen. Das kann aber nur erreicht werden, wenn die Ausbildung des Hundes über eine gute Beziehung zum Hundeführer, über Motivation und das Verstehenlassen des Hundes läuft. Der Hund soll mit seinem Hundeführer eine Unterordnung zeigen wollen, nicht müssen. Nur so wird der Weg zur Prüfung zum Spaß für den Hund und eine sinnvolle, befriedigende Freizeitbeschäftigung für den Hundeführer.

Lerntheorie

Einleitung

Eher selten kommt man zum Hund, wie die sprichwörtliche Jungfrau zum Kind. Unvorbereitet, gestern noch nicht daran gedacht, heute ist er da. Zwar gibt es solche Zufälle, doch häufig sind sie nicht. Die meisten Menschen besprechen und planen den Hundekauf, vielleicht nur mit sich, vielleicht mit der Familie. Sie bereiten sich vor, suchen die Rasse aus, den Züchter, die Mutterhündin. Man spricht mit Bekannten und Freunden, die einen Hund haben, liest Bücher. Und ist der Hund da, dann ist es wie mit einem Wunschkind. Man ist vorbereitet, Erziehungspläne sind geschmiedet, und man glaubt, alles zu wissen! Und dann gibt es zwei Möglichkeiten: Entweder ist alles in Ordnung und kein Problem taucht auf, oder die Wirklichkeit ist eine andere, als man sich vorher je hätte träumen lassen. Dann steht man völlig allein da und muss Entscheidungen treffen, sofort und jetzt, hat keine Zeit zu überlegen. Man ist nichts als überfordert und hilflos – und am Horizont erscheint die alte Weisheit »Gewalt beginnt, wo Wissen aufhört«.

Zuerst einmal darüber schlafen, dann den Computer einschalten, ab ins Internet und die Lösung für das Problem suchen. Man könnte eine Hundeschule suchen. Es gibt sie wie Sand am Meer und jede Homepage sieht super aus! Da werden stressfreie Welpenstunden angeboten, der richtige Gebrauch der Leine, Spaziergänge allein oder in Gruppen und viele, viele Angebote für Problemhunde. Vielleicht auch Bücher suchen. Es werden Hunderte von Titeln angeboten, die Vielfalt ist verwirrend. Was soll man lesen, welche Hundeschule besuchen? Da wendet man sich an alle Bekannten und Freunde, die einen Hund haben. Und nach jedem Telefon brummt der »Schädel« mehr und mehr. »Du musst Dich eben durchsetzen«, »Belohne alles, was richtig ist«, »Sag' Deinem Hund klar, was Sache ist«, »Ignoriere die Angst, aber nie den Hund!«, »Setze Tabus!«, »Die operante Konditionierung bringt Dich weiter«, »Pass gut auf, Dein Hund könnte noch dominant werden«, »Hast Du auf alle Beschwichtigungssignale geachtet?«, »Du musst halt interessanter sein als die Umgebung«, »Gebrauche doch ein Abbruchsignal«, »Ein Klaps mit der zusammengerollten Zeitung auf den Hintern hat noch keinem Hund geschadet!«, »Der arme Kerl wird an Trennungsstress leiden«, »Bestätige nie unerwünschtes Verhalten«, »Pass auf die Rangordnung auf«, »Belohne ihn immer«, »Belohnung? Blödsinn, der soll von Anfang an gehorchen!« So geht es weiter und weiter ...

Und nach dem letzten Telefonat setzt man sich hin, die Verwirrung ist komplett, und es bleibt einem nur noch der verzweifelte Hilfeschrei: »Kann mir denn niemand sagen, wie das geht? Ich will doch nur einen Hund erziehen!«

Die gute Nachricht ist: Erziehen Sie Ihren Hund so, wie Sie sich Ihre eigene Erziehung gewünscht hätten. Liebevoll soll sie sein, aber klar geführt durch Kommunikation, fair und immer berechenbar.

Die schlechte Nachricht ist: Das muss gelernt werden! Man muss verstehen lernen, wie der Hund unsere Sprache und die Signale, die wir aussenden, schlussendlich versteht. Dann entsteht Kommunikation. Richtet sich der Hund nach unserem Signal, dann versteht und gehorcht er. Aber wieso interessieren ihn unsere Signale überhaupt?

Wer sind wir, woher kommen wir und wie sind wir erzogen und ausgebildet worden?

Wir alle sind das Produkt der Erziehung durch das Elternhaus, geformt durch die Schule und die Ausbildung. Alles zusammen ist der Spiegel der Kultur, der Religion und damit der Gesellschaft in der wir leben. In unserem christlich-jüdischen Kulturkreis herrschte über 2000 Jahre die autoritäre Erziehung. Diese war stark männlich geprägt. »*Im Familienkreis vertreten schwache Mütter das philanthropische Prinzip, während der Vater mit kurzem Wesen unbedingten Gehorsam fordert. Dafür wird die Mutter auch am meisten von ihren Kindern tyrannisiert, darum gilt dem Vater die meiste Ehrfurcht, und deshalb ist dieser das Haupt des Ganzen, dessen Geist von ihm seine Richtigkeit erhält*« (Katharina Rutschky, Schwarze Pädagogik, Ullstein, S. 172/173). In diesem Kulturkreis herrschte die Ansicht, dass das menschliche Wesen ein »angeborenes Verderbnis« in sich trug und dieses galt es zu brechen. »*Der Wille des Kindes muss gebrochen werden, das heißt, es muss lernen, nicht sich selber, sondern einem anderen zu folgen. Dass eine solche Notwendigkeit vorliegt, ist der Beweis von der angeborenen Verderbnis des menschlichen Wesens.*« (Katharina Rutschky, Schwarze Pädagogik, Ullstein, S. 377) Ziel dieser Art von Pädagogik war der gehorsame Erwachsene, der bedingungslos jede Autorität akzeptierte. Dies galt für das Elternhaus, die Schule, den Arbeitsort, das Militär, die Kirche, kurz, die ganze Gesellschaft. Erst mit dem Aufkommen der antiautoritären Erziehung in den sechziger Jahren des letzten Jahrhunderts schlug das Pendel in die entgegengesetzte Richtung. Viele von uns erinnern sich noch an das pädagogische Erdbeben und die daraus folgenden gesellschaftlichen Umwälzungen, die 68er Revolten, die Hippie-Bewegung und die Antikriegsdemos. Wir dürfen dabei nicht vergessen, dass 2000 Jahre autoritäre Erziehung nicht einfach auf dieser Welt vergessen wurden. Stark patriarchale Gesellschaftsformen sind heute noch autoritär organisiert. Wir können weder die Weltansichten, die Justiz, noch das Verbot der Mädchenschulen bei den Taliban verstehen. Bei uns hallen Reste der alten Ordnung noch nach, und vieles geistert in der Hundeerziehung weiter herum. Die Älteren von uns sind autoritär erzogen worden und genossen nicht gerade den Schulunterricht mit eigenständigen Lernformen. Die Hierarchie im Berufsleben war klar und wird symbolisiert durch den Witz: »1. Der Chef hat Recht! 2. Falls nicht, gilt Punkt eins!« All' das können wir nicht einfach abstreifen und so tun, als hätten wir nie damit zu tun gehabt.

Zusammengefasst kann man sagen, viele von uns leben und arbeiten heute in einer anderen Gesellschafts- und Betriebskultur als der, die während den Erziehungs- und Ausbildungsjahren vorherrschte. Nach 2000 Jahren autoritärer Erziehung haben wir in 50 Jahren die antiautoritäre und verhaltensorientierte Erziehung erlebt und sind mitten in der kinderorientierten Erziehung. Verwundert es da, dass sich auch die Erziehungsmethoden für unsere Hunde geändert haben? Nein, keinesfalls. Aber es verwundert auch nicht, dass Althergebrachtes noch durch die Köpfe geistert und sich mit unseren eigenen Erinnerungen vermischt. Wenn aber gute, alte Hundeerziehungstipps auf einmal auf harsche Kritik stoßen, viele darüber den Kopf schütteln, dann muss man zur Kenntnis nehmen, dass solche Art der Erziehung nicht mehr zur momentan geltenden Gesellschaftsform passt.

So findet Lernen statt – die Fakten

Die Art, wie gelernt wird, ist universell. Alle Lebewesen lernen nach dem gleichen Muster. Was sie lernen, ist verschieden, wie sie lernen, ist gleich. Somit ist »Lernen« in der Evolution ein wahnsinnig erfolgreiches Modell. Dieses Modell müssen wir kennen, um verschiedene Erziehungsmethoden beurteilen zu können, oder um selber die große Herausforderung, einen Hund zu erziehen, bewältigen zu können.

Wir werden mit einer ganzen Reihe instinktiver Verhaltensweisen geboren: Saugen, Nestwärme suchen, Kot und Urin absetzen, Schreien usw. All das und vieles mehr sind angeborene Verhaltensweisen, ein Grundmuster oder ein minimales Überlebensrepertoire. Nesthocker (Menschen, Hunde, Affen) sind mit weniger ausgerüstet als Nestflüchter (Huftiere, Meerschweinchen, Elefanten). Bei allen Lebewesen setzt nach der Geburt eine Phase intensiven Lernens ein, eine Notwendigkeit zum weiteren Überleben.

Was muss gegeben sein, dass das Lernen einsetzen kann? Genügend viele und verschiedenste Reize, eine behütete Umgebung und befriedigte Grundbedürfnisse sind Voraussetzungen, damit Lernen stattfinden kann. Intensiver Stress, nackte Lebensangst, Schmerzen, Hunger und Durst, soziale Isolation und Verunsicherung verhindern Lernen.

Vor allem Neugeborene, aber auch Erwachsene, müssen in einer guten Verfassung sein, damit sie lernen können. Sie müssen sich psychisch und physisch gut fühlen, glücklich und zufrieden sein, dann sind die optimalen Voraussetzungen zum Lernen gegeben. Steht das Lebewesen unter Stress, chronischen Schmerzen, bestimmen Hunger und Durst sein Dasein, ist es auf der Flucht vor Verfolgern, dann schaltet der Organismus auf Notbetrieb, dann wird alle Energie darauf verwendet, das Überleben zu sichern und diese Notsituation zu überwinden. Lernen kommt später zum Zug. Lernen ist ein komplexer und schwieriger Prozess. Lernen braucht volle Konzentration und einen wachen Geist und viel, sehr viel Energie und Kalorien. Oder können Sie optimal lernen, wenn Sie übernächtigt, von Magenkrämpfen geplagt, dazu vom Partner/der Partnerin vor zwei Tagen verlassen und im Kurs dem unsympathischsten Instruktor zugeteilt wurden? Keine optimalen Voraussetzungen, das leuchtet uns allen ein!

Das Prinzip der operanten Konditionierung ist der Grundstein zum Bestehen in der freien Wildbahn und auch der Motor für die Evolution. Die operante Konditionierung wurde von Burrhus F. Skinner beschrieben. Was Menschen, Hunde, Mäuse oder Fische lernen können, das ist sehr verschieden. Aber wie sie lernen, das ist ein Naturprinzip und funktioniert bei allen gleich: Sie

lernen am Erfolg und Misserfolg. Es muss sich also um ein sehr erfolgreiches Prinzip der Evolution handeln!

Lernen findet im Gehirn statt, in den für das Lernen vorgesehenen Strukturen und Zellen. Diese Nervenzellen werden Neuronen genannt und haben viele Fortsätze. An den Enden dieser Fortsätze sind Kopplungsstellen angebracht, Synapsen genannt. Dort wird eine Annäherung an ein anderes Neuron gesucht. Die Kommunikation von Zelle zu Zelle findet in den Synapsen statt, Informationen werden durch chemische Substanzen, so genannte Neurotransmitter, von Neuron zu Neuron übertragen. Die Neuronen sind dazu da, Reize, die von den Sinneszellen aufgenommen werden, zu speichern. Sieht, hört, spürt, riecht oder schmeckt ein Lebewesen etwas Neues, also trifft ein neuer Reiz auf eine Sinneszelle, wird dieser über Nervenbahnen an das Gehirn weitergeleitet und landet dort bei einem dafür zuständigen Neuron. Dieser spezielle, neue Reiz löst eine entsprechende, genau für diesen Reiz typische Reaktion im Gehirn aus. Von Neuron zu Neuron wird eine Verbindung hergestellt, wie eine Bahn oder eine Spur, und wie mit einem Seil wird eine Verknüpfung durch Neurotransmitter angelegt. Es ist nicht so, dass das Gehirn von Neugeborenen leer ist, es ist voll von Neuronen. Diese sind aber nicht verknüpft und verbunden.

Was geschieht mit der neu angelegten Verknüpfung oder der angelegten Bahn? Sie wird vorerst in einen Speicher abgelegt und einer Zwischenprüfung unterzogen: nützlich oder unnütz! Wiederholt sich der gleiche Reiz, wird er wieder an die gleichen Neuronen übertragen, die gleiche Bahn im Hirn wieder angelegt, sie ist vom Gebrauch schon etwas dicker. Wieder Ablage im Speicher. Jetzt muss man sich mal vorstellen, was so alles im Verlauf eines Tages an Reizen auf unsere Sinneszellen trifft, an das Gehirn geleitet wird, neue Bahnen angelegt oder bestehende Bahnen verdickt werden. Hier spielt der Speicher eine ganz entscheidende Rolle.

In Ruhephasen ruft das Gehirn in diesem Speicher ab, was so abgelegt wurde, und sortiert es. Umweltgeräusche und andere Reize, die ohne nennenswerte Folgen blieben, werden nicht auf die »Festplatte Gedächtnis« eingebrannt. Da wird der »Delete-Knopf« betätigt, es wird gelöscht. Eingebrannt werden alle Sachen, die als Erfolg oder Misserfolg gewertet werden. Diese Sachen bekommen eine Bahn im Gehirn zugeteilt, das ist jetzt auf der Festplatte. Wahrscheinlich wird dieser »Einbrennprozess« erst nach einer weiteren Prüfung der Sachlage während des Tiefschlafes durchgeführt.

Schockartige Erlebnisse werden augenblicklich, ohne über den Speicher zu laufen, auf der Festplatte eingebrannt. Das ist zum Überleben eine sehr nützliche Variante. Man erinnere sich aber immer, der »Delete-Knopf« kann nicht betätigt werden!

Ich möchte aus Martin Pietrallas Buch »Clickertraining für Hunde« zitieren, der die Frage, was überhaupt ein Erfolg, der den Antrieb zum operanten Lernen bildet, ist, folgendermaßen beantwortet: »Alles, was Überleben gewährleistet. Da sind zunächst die Grundbedürfnisse Trinken und Fressen. Es ist die Möglichkeit, entspannt ruhen zu können. Es ist die geborgene Sicherheit in einer Sozialgemeinschaft, die durch regelmäßige Kontakte zu anderen aufrechterhalten und bestätigt wird. Es ist die Möglichkeit, die sich ändernden Informationen der Umwelt regelmäßig aufnehmen zu können. Und es ist die Möglichkeit, nach eigenem Gutdünken tun und lassen zu können, was gerade genehm ist.«

Die Befriedigung dieser Bedürfnisse wird vom Individuum als Erfolg erlebt, sie sind die primären Bestärker. Primär, weil sie direkt und ohne Umweg auf das Individuum wirken. Sie halten das für etwas Selbstverständliches, nichts Besonderes? Dann stellen Sie sich vor, man würde Ihnen die von Martin Pietralla beschriebenen Primärbestärker vorenthalten. Wissen Sie, wie man das nennt? Folter! Dann sprechen wir von Essensentzug, Dursten lassen, Schlafentzug, Informationsentzug und Isolationshaft. So wichtig sind Primärbestärker. Und wenn man sie nicht hat oder sie einem entzogen werden, ja, dann sind sie umso wichtiger.

Das klingt bisher alles recht theoretisch. Nehmen wir ein Beispiel aus dem Leben eines jungen Wolfes. Die Auslösbarkeit des Jagdverhaltens beim Anblick einer Maus ist allen hundeartigen Wesen in die Wiege gelegt worden. Beim ersten Mal wird der Wolf vielleicht keinen Erfolg haben. Er wird aber aus angeborenem innerem Antrieb weitere Versuche unternehmen – und bald Erfolg haben und die erste Maus fangen.

Was unterscheidet die erfolglosen von den erfolgreichen Versuchen? Durch operantes Lernen hat der Wolf seine Motorik verfeinert, seine Jagdtaktik von Versuch zu Versuch zu verbessern geübt, bis er Erfolg hatte. Das ist das Naturprinzip des Lernens am Erfolg, welches das Leben und Überleben sichert und nur durch operantes Lernen funktioniert. Die Erwartung, an einen Bestärker kommen zu können, lässt den Wolf verschiedenes Verhalten ausführen. Er unterscheidet zwischen erfolglosen und erfolgreichen Versuchen. Bestärker führen dazu, dass der Wolf jegliches Verhalten wiederholt, das ihm Zugang zu diesem verschafft hat. Dieses Verhalten ist also konditioniert worden, was nichts anderes heißt, dass vom Lebewesen selber gelernt wurde, was zu Misserfolg und was zu Erfolg führt. Nur Letzteres wird ins Repertoire des erfolgversprechenden Verhaltens aufgenommen und als wiederholenswerter Versuch abgespeichert. Auch die erfolglosen Versuche werden abgespeichert. Immer wieder erfolglose Versuche von neuem zu wiederholen, kann sich kein Individuum erlauben. Das ist Zeit- und vor allem Energieverschwendung, so ist kein Überleben garantiert. Also kommen sie in die Schublade »nicht wiederholen!«. Aber bevor er den einen, vollen Erfolg hatte, musste er an den erfolglosen Versuchen herumfeilen und Möglichkeiten finden, sie zu verbessern! Brachte ihn ein verbesserter Versuch näher an die Maus, wurde der alte weggelegt, mit dem erfolgreichsten wurde weitergearbeitet und dieser optimiert.

Die gleiche Geschichte nochmals, mit anderen Worten erzählt: Diese Zusammenhänge sind von zentraler Bedeutung, sie müssen unbedingt verstanden werden. Erst dann kann man beginnen, im Hundesport gezielt zu trainieren und nicht mehr nur aus dem Bauch heraus herumzuwurschteln!

Also: Da geht das junge Wölflein an einem schönen Morgen über eine Wiese. Ein leichter Wind geht und trägt ihm auf einmal einen neuartigen Duft in die Nase. Die Meldung »Duft« geht an das Gehirn, die Information wird mit den bekannten, abgespeicherten Düften verglichen und es geht eine Meldung weiter: »Achtung, neuer Duft, Quelle unbekannt!« Damit ist das Zentrum für das vorsichtige Verhalten und für die jederzeitige Fluchtauslösung aktiviert und auch das Zentrum für die Neugierde. Wer nichts Neues erkundet, lernt nichts, wer es zu unvorsichtig angeht, überlebt nicht lange. Also geht unser Wolf der Sache auf den Grund. Alle Muskeln sind angespannt, das Adrenalin schießt ins Blut, er ist bereit zur Flucht, aber er setzt das Anpirschen fort, immer der Nase nach. Und dann sieht er das Objekt, von dem der Duft ausgeht. So ein kleines, graues Ding, das sich hastig hin- und herbewegt. Die Meldung geht von den Augen ans Gehirn und wird abgeglichen. Dort wird Alarm ausgelöst: Jagdbeute! Das Verhalten ändert sich schlagartig: Die Vorsicht bleibt, aber das Wölflein setzt sofort und ungestüm zum Angriff an, rast los, die Maus erschrickt und flüchtet sich ins Mauseloch. Riesenfrust beim Wölflein, es steht da, steckt die Nase ins Loch, doch die Jagdbeute ist weg. Dann trollt es sich, später mal legt es sich im Bau hin und schläft ein. Es wird ein unruhiger Schlaf, die ganze Geschichte mit dem grauen Ding spielt sich nochmals ab. Der Geruch wird unauslöschlich als eine positive Sache abgespeichert. Das Anschleichen wird auch als positiv beurteilt, nur das Losstürmen und Zusehen, wie die Maus verschwindet, dieser Vorgang kann nicht positiv gewertet werden, er endete mit einem Misserfolg. Da muss was geändert werden!

Tage später weht es Wölflein wieder diesen Duft in die Nase, die Meldung »Duft« geht ans Gehirn und sofort kommt die Identifikation »Graue, kleine Jagdbeute!« zurück. Die nächste Überlegung geht los: Was war gut beim letzten Jagdversuch, was müsste verbessert werden? Wölflein schleicht sich an, sieht die Maus! Sofort geht die Meldung an das Gehirn, dass der »Versuch Anschleichen« erfolgreich war, schon zum zweiten Mal, die gleiche Bahn im Gehirn für das Anschleichen wird benützt und verdickt. Dann kommt die Meldung: »Früherer Versuch Beutefang war erfolglos, bitte ändern.« Wölflein stockt, überlegt, was war gut, was schlecht. Dann setzt es zum Sprung an – zu kurz gezielt, Maus ist weg!

Beim nächsten Treffen mit der Maus schleicht sich Wölflein schon ganz routiniert an, hat sich ja bewährt (schließlich kommt er der Maus immer näher). Und es funktioniert auch diesmal, die Bahn im Gehirn wird immer dicker, die Zahl der Synapsen steigt. Diese Bahn wird immer leichter abrufbar und steuert die Muskeln recht zuverlässig. Dann kommt der Teil, der bisher erfolglos war, der Sprung. Wieder versucht Wölflein eine neue Variante, wartet etwas länger, spannt die Muskeln mehr an, springt – und hat die Maus! Die Meldung »Erfolg« geht ans Hirn (und in den Magen), und in der nächsten Tiefschlafphase wird für diese Meldung, die ja jetzt schon im Zwischenspeicher ist, eine extra dicke Bahn ins Gehirn gebrannt. Dieses Vorgehen wird definitiv in die Schublade der erfolgreichen Tätigkeiten abgelegt und liegt bereit, um wiederholt zu werden.

Es kann sein, dass nach mehreren Versuchen wieder mal eine Maus schneller ist. Das wird dazu führen, dass Wölflein sein Repertoire überprüfen wird und in den Details ändert. Einige dieser neuen Versuche werden unnütz, wenige besser. Und so wird aus Wölflein ein großer Wolf, der hunderte Versuche angestellt hat. Immer mehr zeigt sich, dass nach aller Er-

fahrung nur wenige Varianten zum Ziel führen. Die Schublade »Erfolglose Versuche« ist mittlerweile ganz dick angefüllt. Und trotz aller Erfahrung wird es immer wieder eine Situation geben, da brennt es mit dem Jäger durch, und er versucht wieder mal etwas Neues. Man weiß ja nie, vielleicht gibt es da doch noch eine bessere, die ultimative Variante.
So werden wir von der Natur gesteuert, sie treibt uns an, immer Neues auszuprobieren. Zuerst geht es um das Überleben, dann um die Suche nach dem Ultimativen.

Die Methoden der operanten Konditionierung

Wir haben am Beispiel des Wölfleins gesehen, dass durch Ändern des Verhaltens eine Jagd erfolgreich wurde. Das Entdecken der Beute und das Anschleichen können bei jedem Versuch als Erfolg bezeichnet werden. Der versuchte Beutefang, welcher die Flucht der Maus auslöste, muss als Misserfolg eingestuft und nicht wiederholt werden. Der jagende Wolf versucht also, erfolgreiches Verhalten beizubehalten, erfolgloses abzulegen. Diese Tatsache lässt sich schematisch darstellen. Es ergeben sich daraus die Methoden der operanten Konditionierung mit ihren vier Möglichkeiten.

Mit diesen vier Begriffen kann jede Ausbildungsmethode in der Hundeerziehung und im Hundesport erklärt werden. Auch jedes in der Natur beobachtete Verhalten kann damit gedeutet und eingeordnet werden. Dabei müssen wir ganz klar sehen, dass Bestärkung wie auch Strafe immer aus der Sicht des Lebewesens zu sehen sind, dessen Verhalten wir anschauen. Der Mäuselsprung, der dazu führt, dass das Wölflein die Maus erwischt, dieses Verhalten wird zunehmen. Es erfuhr eine positive Bestärkung.

Gewünschtes Verhalten nimmt durch positive (= additive) Bestärkung zu

Da war mal der Hilfeschrei: »Kann mir niemand sagen, wie das geht? Ich will doch nur einen Hund erziehen!« Die gute Nachricht war die von der liebevollen Erziehung und die schlechte, dass man es lernen muss. Einiges an Lerntheorie haben Sie gelesen, jetzt nichts wie los mit der Praxis. Niemand hat die Verbindung von Lerntheorie und Praxis nachvollziehbarer beschrieben als Martin Pietralla in seinem Buch »Clickertraining für Hunde«.
»Ein kleines Experiment mit einem Knackfrosch: Klick-klack, na und? Interessiert doch keinen Hund!
Ich werde es Ihnen beweisen. Sie lesen gerade ein Buch, und Ihr Basco liegt in der Nähe her-

Verhalten nimmt zu:	**Positive Bestärkung**	**Negative Bestärkung**
	(= additive Bestärkung) Etwas Angenehmes wird hinzugefügt	(= subtraktive Bestärkung) Etwas Unangenehmes wird entfernt
Verhalten nimmt ab:	**Positive Bestrafung**	**Negative Bestrafung**
	(= additive Strafe) Etwas Unangenehmes wird hinzugefügt	(= subtraktive Strafe) Etwas Angenehmes wird entfernt

um. Beobachten Sie ihn genau aus dem Augenwinkel. Nehmen Sie den beigelegten Clicker, und knacken Sie einmal klick-klack. Was macht Basco? Reagiert er? Dreht er den Kopf? Erschrickt er?

Clicken Sie nochmals. Bei einem schreckhaften Hund nehmen Sie dazu den Clicker in die Hosentasche oder verstecken die Hand unter der Achsel. Was tut Basco jetzt? Die Reaktion wird deutlich schwächer sein. Spätestens nach dem fünften Mal dreht kein Hund mehr eine Ohrenspitze. Klick-klack, das typische Geräusch des Knackfrosches, ist zu den Akten gelegt. Es ist ein nutzloses Hintergrundgeräusch. Ihr Hund hat sich daran gewöhnt. Er kann weiter dösen.

Vielleicht hat Ihr Hund genauso durch Gewöhnung gelernt, dass Ihr »Nein« nichts bedeutet, dass Ihr »Hier« Waldesrauschen ist, dass Ihr »Platz« eines von 5000 Wörtern ist, das ein gebildeter Mensch im Wechsel mit 4999 anderen von sich gibt? Ein unfolgsamer Hund ist vielleicht gar nicht ungehorsam, sondern nur ein unbeschriebenes Blatt. Beschreiben Sie es! Der Clicker wird Ihr Schreibzeug werden, und Ihr Hund wird sich die Lefzen lecken, sobald er ihn bemerkt.

Ihr Hund kennt Pawlow und Skinner!

Wenn Hunde Futter wahrnehmen, speicheln sie. Iwan Pawlow beobachtete, dass ein stets vor dem Füttern geläutetes Glöckchen später auch ohne Futter diese Reaktion auslöste. Das war die Geburtsstunde der klassischen Konditionierung. Sie werden sie weidlich nutzen.

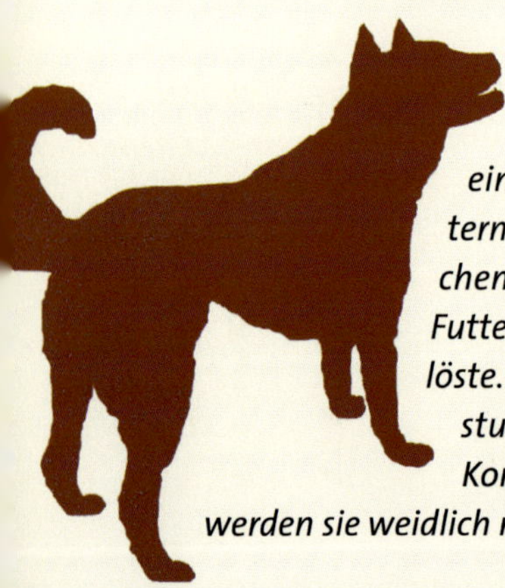

Jetzt – es ist kurz vor der Fütterungszeit – wiederholen Sie dieses Experiment mit dem Clicker, der Ihrem Dago überhaupt nichts bedeutet. Clicken Sie, und schieben Sie dem verblüfften Hund ein Stück leckeres Futter ins Maul. Wiederholen Sie das viermal. Dann clicken Sie wie zuvor beim Lesen des Buches. Wetten, dass Dago sich nach Ihnen umdreht? Jawohl, Click kündigt Futter an, und zwar von Supernaschqualität!

Ihr Versprechen lautet `Click´ und bedeutet: Futter kommt gleich! Pawlow hat es gezeigt. Ihr Hund kann weder Deutsch noch Russisch, aber Click wird er immer verstehen.

Herr Skinner, Sie wünschen?

Seien Sie vorsichtig beim Weiterclicken. Worauf achtet Dago gerade? Fixiert er die Hand, die ihm das Futter gibt? Fixiert er die Hand, die geclickt hat? Er versucht auf jeden Fall, präzise herauszubekommen, woher das Futter kommt. Nehmen Sie ihm die Ungewissheit, und stellen Sie es sichtbar auf den Tisch. Dago riecht es, er sieht es, aber er kriegt es nicht! Wage es, direkt dahin zugehen – NAAAHHH! Das muss sitzen! Und jetzt beginnen Sie ein Spiel, dass Ihre volle Konzentration erfordert. Sobald Dago auch nur den Bruchteil einer Sekunde den Blick vom Futter andeutungsweise abwendet, clicken Sie und geben sofort genau von jenem Futterteller ein Leckerle. Sie können ihm dabei helfen, indem Sie die Clickerhand Aufmerksamkeit heischend auf die andere Seite halten. Blinzelt er dahin, Click und Belohnung! Wiederholen Sie das und warten anschließend, bis er den Kopf ein wenig, dann halb, später ganz in die entgegengesetzte Richtung wendet! Bei jedem Schritt C & B. Das wird ihr Wahlspruch: »C & B = Click und Belohnung!«

Dazu gibt es einen zweiten: »Nichts ist umsonst!« Tust du, was ich möchte, tue ich, was du möchtest. Futter gibt es nicht dafür, dass du danach drängst, sondern dafür, dass du in die andere Richtung schaust. Und Sie erhöhen die Zeit, die er wegschauen muss, bis auf fünf Sekunden! Er wird es tun. Dieses für die Intuition unlogische Verhalten – Wegschauen vom heiß geliebten Futter – hat Dago sich durch operante Konditionierung, eine von Burrhus F. Skinner untersuchte Lernform, angeeignet.

Den direkten Weg zum Futter hatten sie ihm verstellt, aber zugleich mit dem Clicker einen Weg gekennzeichnet, es doch zu bekommen. Die Herren Pawlow und Skinner haben diese Aspekte der Verhaltenskonditionierung eines Tieres entdeckt. Sie hilft diesem, sich erfolgreich der aktuellen Umwelt anzupassen. Sie sind ein Teil dieser Umwelt!«

Was zeigt Martin Pietralla mit diesen wenigen, wunderbaren Sätzen? Es sind die Elemente der klassischen Konditionierung, ein Umweltgeräusch erhält durch einen positiven Bestärker eine Bedeutung, und gleich geht es weiter mit der operanten Konditionierung. Der liebe Dago wird »geshapt«, d.h., sein Verhalten wird in kleinsten Schritten in die von Martin Pietralla gewünschte Richtung geformt.

Welche operante Methode wird benutzt? Die Methode der positiven Bestärkung. Für jede Verhaltensänderung in die Richtung, die Martin Pietralla vorgibt, erhält er C & B. Und wie findet er es heraus? Wie Wölflein an die Maus kommt, durch Ausprobieren. Martin Pietralla weiß, was er will, welches Verhalten Dago zeigen soll. Zwischenschritte in die richtige Richtung bestätigt er, nicht Gewünschte ignoriert er. Dago hat keine Ahnung, was das soll, aber er findet es super! Dago beginnt zu begreifen, wofür es C & B gibt, wofür nicht. Er lernt! Und immer wieder der Erfolg. Die Endorphine schießen in die Blutbahn und der erste, winzige Schritt zum Lernjunkie ist gemacht!

Martin Pietralla hat begonnen Dago auszubilden, ihm etwas durch positive Bestärkung beizubringen. Am Ende kriegt die Übung einen Namen, zum Beispiel »Schau weg!«. Dago wird sie immer mit Begeisterung ausführen, und jedermann wird sagen: »Mensch, der Hund gehorcht aber gut.«

Und schon sind wir nahe dran am Nachklingen der schwarzen Pädagogik! Es ist nur noch ein kleiner Schritt zur Wortwahl »Der pariert aber seinem Meister!«. Damit wäre die Brücke geschlagen zum Kadavergehorsam und zur unbedingten Befehlsausführung zur Zeit der schwarzen Pädagogik. Wenn wir aber sehen, wie Dago ausgebildet wurde, dann müssen wir die schwarze Pädagogik mit all ihrer obigen Wortwahl in eine Schublade ablegen, diese mit »Schwarze Pädagogik« beschriften, zumachen, abschließen, den Schlüssel wegwerfen und alles vergessen!

Was mit Dago geschehen ist, wäre so zu umschreiben: Das Verhalten wurde mit der Methode »Positive Bestärkung« der operanten Konditionierung in die vom Menschen gewünschte Richtung geformt. Oder anders gesagt, der Hund hat die Übung durch Shapen (formen) gelernt. Dann bekam das geformte Verhalten einen Namen: »Schau weg.« Und irgendwann wurden die Worte »Schau weg« zum Signal für den Hund, das zugehörige Verhalten zu zeigen. Das Signal ist ein Teil der Kommunikation mit dem Hund. Der Hund versteht es, es hat eine Bedeutung. Es sagt ihm, es gibt Futter, wenn du dies oder das tust.

Gewünschtes Verhalten nimmt durch negative (= subtraktive) Bestärkung zu

Negative Bestärkung ist die zweite Art, um bei einem Hund ein bestimmtes Verhalten zu erzielen. Man bringt den Hund in eine unangenehme Situation. Diese bleibt so lange bestehen, bis der Hund das von uns gewünschte Verhalten zeigt. Zeigt er es, wird er sofort aus der unangenehmen Situation befreit. Also wird das Verhalten zunehmen, das die unangenehme Situation beendet. Das nennt man negative Bestärkung.

Hierzu ein Beispiel aus der Praxis. Da geht jemand mit seinem Hund spazieren und möchte eine Straße überqueren. Der Hund soll sich immer am Straßenrand setzen. Das wäre das erwünschte Verhalten. Um es dem Hund beizubringen, zieht die Person vor dem Anhalten die Leine sanft nach oben, der Zug am Halsband nimmt zu. Ein leichtes Antippen der Kruppe deutet dem Hund an, dass er das Hinterteil Richtung Sitzposition absenken soll. Sitz der Hund (= erwünschtes Verhalten) lässt der Zug am Halsband nach! Sobald er das gewünschte Verhalten zeigt, erfährt er etwas für ihn Positives, nämlich, dass das Unangenehme, das Würgen mit dem Halsband, abnimmt!

Es ist mir ein großes Anliegen, dass verstanden wird, wie diese Methode funktioniert. Deshalb fasse ich es nochmals mit anderen, drastischeren Worten zusammen: Man sorgt dafür, dass der Hund sich der Erziehungsmethode nicht durch Flucht entziehen kann. Dafür nimmt man ihn an die Leine. Dann bringt man dem Hund psychisch oder physisch in eine unangenehme Situation, man bedrängt ihn oder fügt ihm Unangenehmes zu. Und man vergesse nicht, der Hund kann nicht fliehen! Zeigt er das von uns gewünschte Verhalten, wird es für den Hund angenehm, die Pein lässt nach!

Diese Methoden einer Zwangsausbildung sind heute nicht mehr gesellschaftsfähig. Das kommt auch dadurch zum Ausdruck, dass massivste Formen sogar unter Strafe stehen! Mein erster Hund hat auf diese Art das »Sitz« gelernt, das war vor bald 30 Jahren. Und ich habe diese Methode in Erziehungskursen weitergegeben. Es war die Methode des damaligen Erziehungspapstes Urs Ochsenbein. Man kann es in seinem Klassiker »Der neue Weg der Hundeausbildung« nachlesen. Aber das war eben vor etlichen Jahrzehnten, und da hallte die schwarze Pädagogik noch nicht nach, da dröhnte sie anhaltend durch die Gesellschaft! Dennoch war Urs Ochsenbein im Vergleich zu anderen Autoren ein wahrer Segen für die Hundewelt!

Es geht nicht an, dass man heutzutage Hunde an die Leine nimmt, an ihnen zerrt, bis sie ins Auto steigen, und das als gutes und bewährtes Mittel für Problemhunde darstellt!

Ebenso ist es unhaltbar, dass Hunde mit Zwangsmethoden zum Apportieren gebracht werden. Dabei wird dem Hund ein geschliffenes Stachelhalsband umgelegt, die geschliffenen Krallen gegen den Hals. Dann dreht man das Halsband zu bis sich die Krallen in den Hals des Hundes bohren. Gleichzeitig hält man dem Hund den Apportiergegenstand vor den Fang. Der Hund wird versuchen, dem Schmerz zu entkommen. Hierzu wird er viele Versuche anstellen. Irgendwann beißt er in das Apportel, und, siehe da, der Schmerz lässt sofort nach! Das ist operantes Lernen, der

Hund hat etwas getan und der Schmerz lässt nach! Das wird sich im Gehirn abspeichern und er wird das nächste Mal schneller ins Apportel beißen. Auch das funktioniert, wie die Geschichte vom Wölflein zeigt. Die Lernvorgänge sind gleich, die Methode ist anders. Aber dieses krasse Beispiel zeigt, dass ein wenig Am-Halsband-Ziehen oder dem Hund massivste Schmerzen zuzufügen die gleiche Methode ist. Man spielt auf dem gleichen Spielfeld, nur mehr oder weniger intensiv! Das Ergebnis ist identisch. Gewünschtes Verhalten nimmt zu, aber zu welchem Preis! Martin Pietralla: *»Die Nebenwirkungen sind aber sehr übel. Bevor sie Unangenehmes entfernen, müssen sie es erst mal zufügen. Ihr Hund merkt das. Im Verhältnis zu Menschen entsteht kein Vertrauen. Es bleibt gespannt und zerbricht schließlich.«*

Erinnern Sie sich noch an die gute Nachricht? »Bilden Sie Ihren Hund so aus, wie Sie ...« Möchten Sie nach der Methode des negativen Bestärkens erzogen oder ausgebildet werden? Auch wenn sie effizient ist und Hunde schnell lernen können?

Positive (= additive) Strafe, unerwünschtes Verhalten nimmt ab

Der Hintergrund ist, dass der Hund etwas Unangenehmes erlebt, eine neutrale Situation beendet wird. Das ist eigentlich das, was wir Strafe nennen! Der Hund macht etwas, was seinem Menschen nicht passt. Darauf reagiert der Mensch mit einer Maßnahme, die für den Hund unangenehm ist. Das kann ein lauteres Ansprechen des Hundes sein, ein Bewerfen mit der Leine bis zu Schlägen oder Zufügen von Stromschlägen über das Elektrohalsband. Strafen kann eine Verhaltensweise sehr erfolgreich unterdrücken, wenn bestimmte Voraussetzungen erfüllt sind. Dazu schreibt Nina Miodragovic in ihrem Buch »So denkt Ihr Hund mit«, Seite 28: *»Die Strafe muss sofort auf das unerwünschte Verhalten erfolgen, konsequent, absolut immer auf jedes Auftreten erfolgen, so stark als möglich sein, so erfolgen, dass der Hund sie ausschließlich mit dem unerwünschten Verhalten verknüpft.«* Damit ist klar, dass es unmöglich ist, dass der Hund durch Strafe lernt. Wer kann schon beim ersten Anzeichen eines unerwünschten Verhaltens massivst strafen und dann noch sicher sein, dass es der Hund auch nur mit seinem zuvor gezeigten Verhalten verbindet? Es gibt solche Zufallstreffer, aber man muss zur Kenntnis nehmen, dass es als System keinen nachhaltigen Erfolg bringt. Das für uns unerwünschte Verhalten ist für den Hund sehr erwünscht. Für den Hund ist es ein über primäre Bestärker gelerntes Verhalten. Sich Geruchsinformationen an jeder Ecke beschaffen, im Mist wälzen und Katzenkot fressen sind supertolle Tätigkeiten für den Hund, Primärbestärker von erstklassiger Qualität. Will man diese Tätigkeiten mit der Methode des positiven Bestrafens abstellen muss man von vornherein mit einem Misserfolg rechnen.

Negative (= subtraktive) Strafe

Der Hintergrund ist, dass etwas für den Hund Unangenehmes eintritt und eine angenehme Situation beendet wird. Das Verhalten nimmt ab. Nehmen wir als Beispiel einen Hund in der Box im Auto. Das Auto steht auf dem Parkplatz, Heckklappe offen, der Hundebesitzer hat sich entfernt. Da

sieht der Hund seinen Menschen um die Ecke biegen, und tatsächlich, er kommt auf das Auto zu. Vor Freude springt der Hund hoch und beginnt zu bellen. Auf den ersten Wuff dreht sich der Mensch um und rennt davon. Jetzt rattert das Räderwerk des Lernens im Gehirn des Hundes. Was hat er gemacht, dass die angenehme Situation, die Rückkehr seines Menschen, beendet wurde? Und da zeigt sich der Mensch wieder hinter der Ecke. Der Hund versucht eine Variante seines Verhaltens, er bleibt liegen und bellt, der Mensch ist sofort weg. Also, das Aufstehen war es nicht, vielleicht aber das Bellen? Beim nächsten Auftauchen des Menschen verkneift sich der Hund das Bellen. Er explodiert fast, so gerne würde er bellen. Aber da sieht er, wie der Mensch immer näher ans Gitter kommt, ihn streichelt und lobt. Der Hund entspannt sich, hat sich ja gelohnt, die Welt ist in Ordnung. Ganz ehrlich: Ich würde gerne mit dieser Methode lernen, dass mein Verhalten unerwünscht ist. Und wie geht es Ihnen?

Zusammenfassend kann man sagen, dass von den verschiedenen Methoden der operanten Konditionierung nur zwei ethisch vertretbar erscheinen und den Hund lernen lassen. Es sind das die Methoden der positiven Bestärkung und des negativen Bestrafens.

Die operanten Paradigmen

So weit wären die theoretischen Grundlagen, wie der Hund lernt, beschrieben. Auch die Methoden, die zur Verfügung stehen, sind dargelegt. Dann sind da noch zwei Kernaussagen, operante Paradigmen, die man unbedingt kennen sollte, um Lernerfolge und vermeintliche Misserfolge zu verstehen. Als ich diese zwei Sätze das erste Mal kennen gelernt habe, sind mir die sprichwörtlichen Schuppen von den Augen gefallen. Endlich verstand ich Verhaltensweisen meiner Hunde, die ich vorher nie verstanden hatte.

Signale kündigen die Folgen eines Verhaltens an

In der Lerntheorie gibt es noch zwei, für unseren Zweck sehr nützliche Kernsätze. Der eine handelt von den Signalen. Diese übermitteln dem Hund verlässlich, was geschehen wird, und er richtet sein Verhalten danach aus. Signale erhalten ihren prophetischen Charakter erst, wenn sie mit Aktionen zusammentreffen, deren Folgen bekannt sind. Summt ein Wespennest, ist Distanz halten angesagt. Wieso? Als das Wespennest das erste Mal summte, war es ein Umweltgeräusch, dann erfolgte der erste Stich, und schon war die Bedeutung des Signals bekannt. Signale können auch »Befehle« im Hundesport sein. Zum Beispiel sagt da einer »Platz«, Hundi legt sich auf den Boden und schon folgt die Wurst als Belohnung. Wenn das Signal »Platz« ertönt, dann kündigt das die Folge (Wurstfressen) des Verhaltens (sich auf den Boden legen) an.

Lernen findet im Kontext statt

»Aber zu Hause kann mein Hund die Übung!« Genau das heißt Lernen im Kontext. Man lernt nicht nur die Übung, sondern alles, was dazu gehört auch mit: Gerüche, Geräusche, die Tageszeit und der Ort, wo gelernt wurde, gehören zum Gelernten dazu. Alles, was im Moment des Lernens einer als brauchbar erkannten Tätigkeit von den Sinnesorganen gleichzeitig aufgenommen wurde, wird als Hintergrundmusik abgelegt. Erst mit der Zeit wird das wichtige Element von der Hintergrundmusik gereinigt und jederzeit auch in anderem Kontext abrufbar. Das ist der Moment, wenn die Generalisierung einer Tätigkeit erfolgt ist.

Die praktische Umsetzung

Soll dem Hund etwas beigebracht werden, ist das Ziel, dass der neu gelernten Handlung eine Bahn im Gehirn zugeordnet wird. Diese Bahn soll in der Lernphase gebildet und gefestigt werden.
Wenn etwas Neues gelernt wird, so beschäftigen wir uns an diesem Tag nur mit der neu zu lernenden Handlung, wir machen ein Schwerpunkttraining. Es soll für den Hund von Bedeutung sein, was ihm geboten wird, was er im Kopf zu sortieren und zu bewerten hat. Damit eine Handlung gelernt wird, muss sie mit einem positiven Bestärker in Verbindung gebracht werden. Also bewaffnen wir uns mit den für unseren Hund absolut tollsten Futterhappen. Diese werden ihm zeigen, dass seine neue Tätigkeit absolut lohnenswert ist, eine Bedeutung hat. Aber den wahren Kick, die Ausschüttung des Dopamin, der Lerndroge, löst die positive Emotion des Trainers aus. Jubeln wir im richtigen Moment, freuen uns ehrlich, das gibt dem Hund das Gefühl der sozialen Leistung, des gemeinsam Erarbeiteten. So, meine Herren, auch wenn es nicht immer ganz einfach ist, nehmen Sie es sich für die Zukunft vor, Ihrem Hund tief empfundene Freude entgegenzubringen, zu jubeln

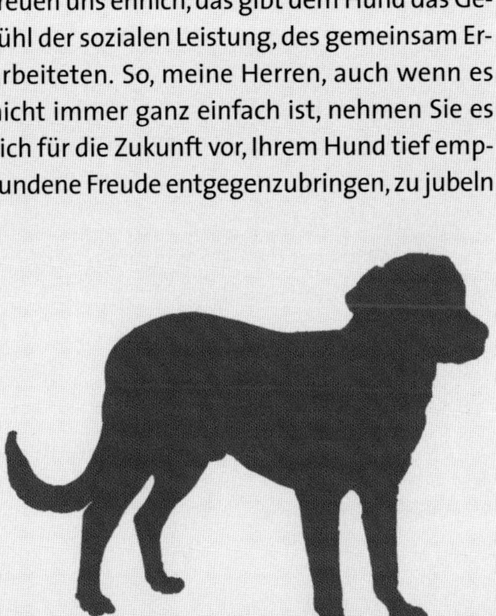

und Ihre Begeisterung den Hund auch hören und spüren zu lassen. Den Damen unter den Lesern fällt das ja angeblich viel leichter, sagen sie!
Also, jetzt stehen wir da, wissen was der Hund zeigen soll, sind mit Futter ausgerüstet und versuchen, den Hund irgendwie in die Richtung der gewünschten Tätigkeit zu bringen. Handelt der Hund in die richtige Richtung, clicken (oder loben) wir ihn und geben Futter. Der Hund hat keine Ahnung, was das soll, aber es war super. Hat der Hund die Handlung relativ schnell, leicht und problemlos angeboten, versuchen wir, ihn diese wiederholen zu lassen. Spätestens nach zwei, drei erfolgreichen Versuchen legen wir eine Pause von einigen Minuten ein. Wir gehen mit dem Hund etwas abseits, setzten uns hin, kraulen ihn. In dieser freundlichen, emotional positiven Haltung verbringen wir einigen Minuten, Minuten für uns, unseren Hund, ohne große Ablenkung.
Was ist im Gehirn geschehen? Die Handlung hat im Hirn eine Bahn von einem Neuron zu anderen Neuronen gelegt. Diese wurden sekundenschnell elektrisch aktiviert. Das Futter und die Emotionen haben bewirkt, dass diese Handlung positiver als nur ein Umweltgeräusch bewertet wurde. In der Pause werden die Chemorezeptoren und die Transmitter aktiviert.
Diese Bahn erhält eine zusätzliche Verstärkung, wenn wir jetzt wieder zurück auf den Platz gehen und die Handlung mehrmals wiederholen. Danach bringen wir den Hund vom Platz in eine möglichst ruhige Umgebung. Er soll abgeschirmt vom Rummel auf dem Trainingsgelände ruhig im Auto liegen.
Dr. Udo Gansloßer hat in seinem Vortrag beim »Ersten schweizerischen Hundesymposium« die Bedeutung dieser Zeitintervalle aufgezeigt. Nach 20 bis 30 Minuten soll eine Erb-

gutaktivierung stattgefunden haben. Jetzt holt man den Hund für eine dritte Runde auf den Platz, um einzig nur die vorher neu gelernte Handlung zu wiederholen. Danach geht es wieder ab ins Auto – und der Trainingstag ist vorbei. An den Tagen des Schwerpunkttrainings werden nur diese Sequenzen geübt. Keine Spielrunden, kein Rennen und Herumtollen mit anderen Hunden soll das neu Gelernte überschatten und die neu angelegten Bahnen im Gehirn verwischen.
In der folgenden Nacht oder der nächsten Tiefschlafphase wird das ganze Geschehen nochmals bewertet und zusätzliche hirnanatomische Verbindungen werden geschaffen. So landet das Gelernte im Hippocampusareal. Kann die Handlung am nächsten Tag nochmals erfolgreich wiederholt werden, so kann die erste Lernphase als optimal abgelaufen betrachtet werden.
Erreicht der Hund einmal die »Könner-Phase«, so übt man pro Training eine Handlung nur einmal.
Dies soll einen kleinen Einblick geben, wie die Umsetzung der Theorie in die Praxis stattfinden kann. Man kann mit Stressverhinderung und gezielten Abfolgen die Effizienz der Lernvorgänge enorm steigern.

Verbote

Was haben Sie denn bis jetzt für Ihre Praxis der Hundeausbildung gelernt? Sie wissen, wie Lernen funktioniert und mit welchen Methoden Verhalten gefördert oder unterbunden werden kann.

Und was ist mit Verboten? Wir leben in einer Gesellschaft voll von Verboten. Die Mehrzahl der Verkehrsschilder zeigt an, was man nicht darf, all´ die Gesetze regeln und kontrollieren etwas. Diese Verbote sollen das Funktionieren der Gesellschaft innerhalb von Normen garantieren, welche sich die Gesellschaft selber gegeben hat. Hinter den meisten Verboten steht die Androhung einer Strafe. Dies soll die Einhaltung der Verbote garantieren.
Genau so soll es mit dem Hund sein. Man bringt ihm eine Reihe Verbote bei und schon sind die Spielregeln klar. Das macht einen selbst auch vermeintlich so wichtig: Verbote aufstellen, nach Belieben Gesetzgeber sein – und der Hund hat zu gehorchen. Vielleicht stammt die alte Aufforderung in den Hundeausbildungskreisen »Setze Dich durch« ja daher! Stelle Verbote auf und schau, dass sie befolgt werden.
Und wie sieht das Ihr Hund? Verbote funktionieren perfekt! Trotz gegenteiliger Erfahrung. Sie haben richtig gelesen. Verbote funktionieren perfekt, aber nur so lange Sie die Kontrolle über das Verbot haben.

Machen Sie folgenden Versuch. Legen Sie ein Stück Wurst auf den Boden und bauen Sie sich richtig davor auf. Verbieten Sie Ihrem Hund, die Wurst zu nehmen. Seien sie sehr energisch, werden Sie laut. Der Hund soll spüren, was Sie meinen! Und siehe da, klappt ja super. Sie haben sich durchgesetzt!

Dann verbieten Sie Ihrem Hund mit gebührendem Ernst die Wurst zu nehmen, drehen sich um und gehen aus dem Zimmer. Ich garantiere Ihnen, die Wurst ist sehr schnell weg, trotz Verbot!
Was ist passiert? Als Sie die Wurst auf den Boden gelegt haben, hat Ihr Hund schon Ihren gespannten Ausdruck und die komische Körperhaltung realisiert. Diese Körpersprache kam ihm bedrohlich vor, und offensichtlich war es Ihnen ernst, er sollte die Wurst nicht nehmen. Das hat er aus Ihrer Körpersprache gedeutet, von der Wortberieselung hat er kein Wort verstanden. Diese Worte waren bedeutungslos, aber Ihre Haltung drückte alles aus. Sobald Sie weggingen, Ihre Kontrolle über die Wurst aufgaben, da war der Weg für Ihren Hund frei. Das ist so in der Hundelogik! Sie können noch so teure Hundeschulen besuchen, es wird nichts an dieser Logik ändern.

Was kann man davon für die Erziehung des Hundes brauchen? Sie wissen jetzt, dass Sie Situationen, bei denen Sie anwesend sind, mit einem Verbot kontrollieren können, aber dieses Verbot nur während Ihrer Anwesenheit auch durchsetzen können. Schade? Nein, jetzt weiß man es und kann sich danach richten. Ich habe mich jahrelang darüber geärgert, dass mein Riesenschnauzer Katzenkot gefressen hat, trotzdem ich es ihm verboten hatte! Jedes Mal kam ich mir hintergangen vor, ja meine Autorität schien zu wanken! Dann habe ich die Geschichte gehört, wie es sich so verhält mit den Verboten. Da habe ich realisiert, dass Kojak nie etwas fraß, wenn ich das Häufchen zuerst sah. Es wird wahrscheinlich so ein Knistern in der Luft gelegen haben. Und wir hatten von da an ein viel entspannteres Verhältnis und ich die Augen viel häufiger offen.

Das konditionierte Verbotssignal

Diese einleitenden Worte schreibe ich, nachdem ich mich stundenlang mit dem Text gequält habe und Zweifel mich haben immer wieder Passagen streichen lassen. Welche Worte sollte ich wählen, dass ich nicht missverstanden werde. Ich will mich nicht dem möglichen Vorwurf aussetzen lassen, zuerst positive Bestärkung zu predigen und dann, wenn es darauf ankommt, nur noch die nackte Gewalt in Betracht zu ziehen. Ich stehe zu meinen Worten aus dem Wissen heraus, dass niemand von uns das Markenzeichen »Heilig« auf der Stirne trägt, dass jeder mal die Nerven verliert und dass es Situationen gibt, die nichts anderes als einen Notstop brauchen! Und dann schreien wir. Und genau da soll der Hund verstehen, was angesagt ist. Er soll die Chance haben, sofort seine Aktivitäten zu unterbrechen und die Situation einzufrieren. Durchatmen für alle, wenn es gelingt, und mit etwas aus der »positiven Kiste« weitermachen! Kennt der Hund das betreffende Wort nicht, wird er eventuell in Panik vor uns davonrennen. Wenn es dann in die falsche Richtung geht, haben wir den überfahrenen Hund und den Hundeführer mit dem schlechten Gewissen. Abbrechen einer Tätigkeit und reagieren mit Demuts- oder Beschwichtigungsverhalten auf ein Drohsignal ist den Hunden angeboren. Wenn die Mutterhündin knurrt, ist die Sache ernst, Welplein macht die Rückenlage, die Mutter ist besänftigt. Nie wird der Welpe am Genick gepackt und geschüttelt. Aber uns wird das als »Züchtigungsmittel à la Natur« empfohlen. (Das hält sich als Irrglaube beharrlich!) Auch um diesen Unsinn zu beenden, habe ich den vorangegangenen Text so ausführlich formuliert. Ich hoffe, Sie verstehen ihn richtig.

Aus dem Wissen, dass ein Verbot in der Anwesenheit des Verbietenden eingehalten wird, kann man durchaus Nutzen ziehen. Man kann sich ein absolutes Notstop-Signal, eine Notbremse, konstruieren. Wozu das? Ihr Hund rennt los, Richtung Straße. Sie sehen das Auto nahen, es wird zum Zusammenstoß kommen! Möchten Sie diese Situation nicht unterbrechen können? Oder Ihr Hund hat am Waldrand etwas erschnüffelt, pirscht sich an das Ding heran. Wie Sie ihn kennen, wird er es gleich fressen. Und dann sehen Sie das große Stück Wurst und etwas Weißes steht hervor. Eine Metatablette? Notbremse erwünscht? Es soll mir niemand sagen, dass er in so einem Fall nicht losschreit. Haben Sie einen sensiblen Hund und sind Sie sehr nahe an ihm dran, dann haben Sie Riesenglück, denn Ihr Schreien wird wahrscheinlich von Erfolg gekrönt sein. Sonst besteht ja noch die berechtigte Hoffnung, dass Sie es mit Ihrem Tier rechtzeitig zum Tierarzt schaffen!

Um die Chance zu steigern wäre es gut, ein Verbotssignal konditioniert zu haben. Was heißt das? Sie nehmen ein Wort oder konstruieren eines, das nicht im täglichen Wortschatz vorkommt, z.B »Naaaaaa« oder »Heeeee«. Es soll aufgrund von Vokalen schön dehnbar sein. Dieses Wort soll für den Hund einen absolut schrecklichen, bedrohlichen Wert bekommen. Hört er dieses Wort, soll er sofort mit jeder Tätigkeit innehalten, und er

soll wissen, falls er nicht abbricht, droht ihm Riesenärger von Ihrer Seite! Lesen Sie ruhig noch einmal, ich meine es genau so, wie es da steht! Wir sprechen nicht von einem Wort für den täglichen Umgang mit dem Hund, und wir reden nicht von einem Wort für die Erziehung des Hundes. Es geht um ein Verbotssignal, eine Notbremse, und ich hoffe, Sie brauchen es nie!

Wie wird das gemacht? Rein technisch betrachtet geht das so: Man legt ein großes Stück Wurst auf den Boden. Will sich der Hund bedienen, sagt man das ausgesuchte Wort, die Stimmung schlägt augenblicklich um. Man brüllt den Hund an, bedroht ihn, indem man sich auf das Stück Wurst und nicht auf den Hund stürzt, immer laut, irgendetwas schreiend. Erschrickt der Hund, hört er auf, sich für die Wurst zu interessieren, hört man sofort mit dem Gebrüll und der körperlichen Bedrohung auf, verwandelt sich wieder in den normalen Hundebesitzer. Sofort greift man in die Kiste mit den positiven Bestärkern und gibt dem Hund eine lösbare Aufgabe. Zum Beispiel ruft man ihn von der Wurst ab, setzt ihn, belohnt ihn, lässt ihn warten und geht dann die Wurst holen. Und was soll das, werden Sie sich fragen? Für den Hund ist es etwas Normales, dass in irgendeiner Situation irgendwer ein Verbot erlässt, es durch Knurren oder Körpersignale kundtut. Während dieser die Situation kontrolliert, hält man sich besser daran, das haben wir im letzten Kapitel gelernt. Aus der Lerntheorie wissen wir, dass schockartige Erlebnisse sich ohne Umweg über irgendwelche Speicher sofort in das Hirn einbrennen. Genau diese Tatsachen will man ausnützen. Man sagt ein nicht alltägliches Wort sehr klar und laut und sofort darauf soll ein Riesenkrach losgehen. Es soll so heftig sein, dass es ein schockartiges Ereignis für den Hund wird. Damit wird das Wort mit dem

Schrecken verbunden, es wird konditioniert. Je schrecklicher der Hund das empfindet, um so schneller ist es abgespeichert und um so sicherer kann man sein, dass es wirklich zu einer Notbremse wird. Nach ein, zwei Wiederholungen kann man davon ausgehen, dass das Wort seinen wirklich schrecklichen Klang bekommen hat und eine äußerst unangenehme Bedeutung für den Hund darstellt. Er soll es als Strafandrohung verstehen und, ganz wichtig, er soll wissen, dass er das Gewitter abwenden kann, sobald er die momentane Tätigkeit unterbricht. Es ist das Ziel, dass der Hund lernt: Höre ich das schreckliche Wort, muss ich sofort innehalten – und es ist alles wieder gut! Das ist der Sinn der Übung, der Hund erhält die Chance, auf ein Signal zu reagieren!

Sie sehen, das konditionierte Verbotssignal ist nicht einfach so zu haben! Überlegen Sie es sich gut, ob Sie so viel Schauspieltalent besitzen, es genau so durchzuspielen. Stehen Sie wirklich voll hinter diesem Szenario, bringen Sie es über das Herz, Ihren Hund so zu bedrohen? Nur dann funktioniert es wirklich, nur dann sind Sie glaubhaft. Bei geringsten Zweifeln lassen Sie die Finger von der Sache. Man sollte dieses Wort und seinen Sinn schon einem Welpen beibringen. Wenn er sich bei Ihnen eingelebt hat, wenn Sie einen guten Draht zueinander gefunden haben, dann wird es Zeit. Sie sollen es nicht mit einem pubertierenden Lümmel versuchen, der Sie schon hervorragend kennt und auch einzuschätzen weiß. Die Gefahr, dass es nicht funktioniert, ist viel größer.

Falls Sie es aber eine gute Sache finden, den Weg als abscheulich ansehen, was er auch ist, aber den Nutzen einer Notbremse nicht missen wollen, dann lassen Sie sich Zeit! Schreiben Sie sich das Szenario in eigenen Worten auf, üben Sie das Schreien, wenn Sie alleine im Auto unterwegs sind, spielen Sie sich die Szene genau durch, proben Sie es ohne den Hund. Es muss beim ersten Mal klappen. Frisst der Hund die Wurst, haben Sie verloren, Gelegenheit vorbei. Es darf nicht passieren, bereiten Sie sich auf Ihren großen Auftritt vor!

Es ist zu hoffen, dass Sie Ihren Hund so durch das gemeinsame Leben steuern, dass Sie das Signal nie geben müssen! Machen Sie aber alle Jahre einmal einen Probelauf. In der Schweiz werden die Alarmsirenen auch jedes Jahr getestet, und man hofft, dass der Ernstfall nie eintritt! Versuchen Sie es bei irgendeiner belanglosen Situation. Geben Sie Ihr Verbotssignal, reagiert der Hund, sofort aufhören und zufrieden sein. Reagiert er nicht, das ganze Theater durchziehen, anbrüllen, körperlichen Druck aufbauen. Dann überprüfen Sie den Erfolg Ihres Auffrischungskurses am nächsten Tag. Es muss dann sitzen, sonst ist irgendetwas Grundlegendes schief gelaufen. Vergessen Sie dann das Verbotssignal, man kann auch ohne leben!

Das konditionierte »Falsch«-Signal

Keine Angst, das »Falsch«-Signal ist auf die angenehme Art zu konditionieren! Der Sinn ist, eine Möglichkeit zu bekommen, dem Hund zu sagen, dass er sich auf dem Holzweg befindet. Er soll etwas anderes versuchen, einen anderen Weg einschlagen. Um das zu erreichen, nehmen Sie in jede Hand ein Stück Wurst und machen eine Faust darum. Dann halten Sie beide Fäuste dem Hund hin, Abstand 20 cm. Lassen Sie ihn schnüffeln, an beiden Fäusten. Schnüffelt er intensiv an der Faust A, sagen Sie Ihr vorbestimmtes Wort, zum Beispiel »Schade«, »Falsch« oder »Ups«, egal was. Wechselt der Hund zur anderen Faust, sofort das Wurststück geben. Das wird

im ersten Durchgang sicher nicht auf Anhieb klappen. Wiederholen Sie es so oft, bis Ihr Hund sofort auf das gesprochene Wort zur anderen Faust wechselt. Er wird es schnell lernen, in beiden Fäusten hat es ja das gleich hoch motivierende Futter!
Sollte sich irgendwann mal die Notwendigkeit ergeben, dass Sie Ihrem Hund sagen müssen, er solle einen anderen Weg zum Ziel einschlagen, dann haben Sie jetzt ein Wort konditioniert. Ich bitte Sie aber, gebrauchen Sie das Wort sparsam. Verwenden Sie Ihre Konzentration darauf, Ihrem Hund zu sagen, was richtig ist, und nicht, dauernd zu erläutern, was er alles falsch macht. Warten Sie, bis er selber einen Weg findet, belohnen Sie das mit einem Primärbestärker. Das konditionierte »Falsch«-Signal soll so ein kleines, für wenige Fälle nützliches Werkzeug sein! Dieses benützen wir nie in der Anlernphase.

Dominanz! Was ist das?

Immer wieder hört man die Hundehalter erzählen, dieser oder jener Hund sei dominant, oder dass man dieses oder jenes Verhalten ja nicht dulden solle, sonst werde der Hund noch dominant. Und das wichtigste nicht vergessen, die Rangordnung! Wer ist da der Chef, Sie oder Ihr Hund?! Dann liest man in einer Fachzeitschrift die folgende Aussage: »Ich bilde meinen Hund mit Dominanz aus, dazu stehe ich!« Wieso muss man sich im Nebensatz gleich rechtfertigen? Und, wie bildet man einen Hund mit Dominanz aus? Ist das eine Geheimmethode?
Wenn man etwas nicht weiß, hat es noch nie geschadet, im Duden nachzuschlagen. Dort steht: Dominanz = Eigenschaft von Erbfaktoren, sich gegen Schwächere sichtbar durchzusetzen! Durchsetzen klingt schon sehr nach Hundeausbildung, obwohl ich es seit 25 Jahren nicht verstanden habe, wie ich mich meinem Hund gegenüber durchsetze und ob das mein Hund versteht. Also weiter im Duden: Dominieren = bestimmen, herrschen, vorherrschen oder jemanden/etwas beherrschen. Dominierend = an Stärke/Gewicht andere überragend, sie bestimmend. Oder sadistische Handlungen an einem Masochisten (mit seinem Einverständnis) vornehmend! Also das hat nun sicher keinen Bezug zum Hundesport.
Auf Empfehlung meiner Tochter habe ich mir zu diesem Thema zwei Bücher angeschaut. Anders Hallgren beschreibt in seinem Buch »Das Alpha-Syndrom« sehr verständlich und anschaulich die gesamte Situation. Das Buch von James O`Heare heißt »Die Dominanztheorie bei Hunden – Eine wissenschaftliche Betrachtung«. Aus letzterem Buch habe ich die folgenden Zeilen zusammengefasst.
Der Autor versucht darzustellen, wie die Worte Dominanz und Dominanztheorie zu verstehen sind. Die Dominanztheorie wurde entwickelt, um die Beziehungen zwischen Mitgliedern organisierter Tiergesellschaften beschreiben, erklären und/oder vorhersagen zu können. Pierre Huber entdeckte 1802 erstmals Rangordnung bei Hummeln und versuchte, sie zu beschreiben. 1922 wurde diese Theorie auf Wirbeltiere übertragen. Man versuchte das Sozialverhalten von Hühnern, die einfache lineare Hierarchien (Hackordnung) für den Sozialstatus bilden, zu erklären. Dann wurde die Theorie auf andere Tierarten ausgeweitet, einschließlich des nahen Verwandten unserer Hunde, den Wolf.
O`Heare zeigt in seinem sehr wissenschaftlich geschriebenen Büchlein zuerst den Einfluss der Gene und der Umwelteinflüsse auf körperliche Merkmale und das Verhalten im Sozialbereich. Veränderungen in den Genen,

Mutationen, können Veränderungen im Verhalten auslösen und dieses muss sich dann in der freien Wildbahn bewähren. Funktioniert es, ist es ein Vorteil im Überlebenskampf für das Individuum, und es wird bessere Chancen haben, diese Gene weiterzugeben. Das ist Evolution. Die Überlebenschancen von Einzelgängern oder Gruppen müssen sich im Wettbewerb bewähren. Oberstes Gebot ist aber, die eigene Gesundheit und die der Artgenossen nicht zu gefährden, also Kämpfe und die daraus resultierende Verletzungsgefahr zu minimieren. Für die einen Tiere ist es wichtig, Mitglied einer funktionierenden Gruppe zu sein und dadurch Hilfe bei der Nahrungsbeschaffung zu haben. Andere Tiere überleben auch als Einzelgänger sehr erfolgreich, jede Tierart ist eben einzigartig.

O`Heare zeigt über zwei Dutzend verschiedener Varianten der Definition der Dominanztheorie, angepasst an den jeweiligen Umstand dessen, was untersucht und beobachtet wurde. Der beschreibende Wert der Dominanztheorie ist nicht für alle Situationen geeignet. Auch wurden die Forscher mit dem Problem konfrontiert, dass Dominanz kontextabhängig ist, sich im Laufe der Zeit und je nach Situation auch verändern kann (Rollentausch), was allgemeine Prognosen und zuverlässige Langzeitvorhersagen unmöglich macht. Zitat Tilson: *»Das Dominanzkonzept kann nicht mehr zur Erläuterung herangezogen werden, wenn sich die Rangordnung für jeden Kontext ändert. Man gewinnt wenig, wenn für jede Konkurrenzsituation von einer getrennten Rangordnung ausgegangen wird. Eine vereinfachte Interpretation wäre, dass Individuen einfach in jeder Situation unterschiedliche Fähigkeiten haben, um miteinander zu konkurrieren.«* Diese wichtige Erkenntnis, das Dominanz kontextabhängig zu sehen ist, beschreibt O`Heare mit folgenden Worten: *»Angenommen, wir entwickeln eine Rangordnung für wild lebende Hunde, die irgendwo in der Nähe einer Müllhalde leben. Wir beschließen, eine getrennte Rangordnung für Futter, Schlafplätze, Spielzeug, Paarungsmöglichkeiten und so weiter zu entwickeln. Die Rangfolgen werden, abhängig von der Anzahl der Hunde in der Gruppe, zunehmend schwerer zu handhaben. Außerdem kann es geschlechtsbezogene und saisonbezogene Unterschiede geben. Aufgrund anderer situationsbedingter Faktoren ist es unwahrscheinlich, dass wir eine signifikante Korrelation finden. Angenommen ein Hund, der normalerweise in einem bestimmten Kontext subdominant ist, ist bei der Auseinandersetzung im Vergleich zu einem Gegner besonders ausgeruht, dann würden wir hier vielleicht eine Rollenumkehr beobachten. Oder angenommen, der Hund ist bei einer bestimmten Auseinandersetzung besonders hungrig und somit motivierter als ein satter Gegner. Tatsache ist, dass Motivationsfaktoren auch eingerechnet werden müssen, und damit werden diese Berechnungen sehr umfangreich, wenn es sich überhaupt bewerkstelligen lässt.«*

Damit wird beschrieben, was wir täglich erleben können, wenn wir mehrere Hunde im Haushalt haben. Nicht einer ist pauschal der »Chef«, sondern jede Situation hat ihren »Chef«, und nicht täglich ist die Situation gleich, abhängig ist sie vom momentanen Motivationsstand jedes einzelnen Hundes. Es kann durchaus sein, dass A als Erster durch die Haustüre gehen will, wenn es rausgeht, und B, wenn es nach dem Spaziergang nach Hause geht. Das lässt sich unendlich fortsetzen, und es lässt sich unendlich darüber philosophieren.

Weiter mit der Dominanztheorie. Viele Untersuchungen wurden an Wölfen gemacht. Wer kann schon in der Natur das Verhalten von Wölfen beobachten, zudem zu jeder Jahres- und Tageszeit, auf den Jagdzügen usw. Also hat man die Untersuchungen an in Gefangenschaft gehaltenen Wölfen gemacht. Zumeist waren die Territorien zu klein, und die Zusammensetzung der Rudel war willkürlich. Es waren nicht Rudel von verwandten Tieren. Daraus ergab sich, dass die Resultate das Ergebnis von stressbehafteten Tieren in Gefangenschaft waren. »Die Beobachtungen und Schlussfolgerungen beruhen auf künstlichen Bedingungen und spiegeln daher die Wirklichkeit eines natürlichen Wolfsrudels nicht wider – das heißt, sie sind ungültig.«

Es ist ein großes Problem, dass viele Ergebnisse ungültige Ergebnisse sind, dennoch aber auf den Hund übertragen werden. Hunde sind keine Wölfe! Seit sie domestiziert wurden, also in den letzten 15.000 bis 20.000 Jahren, haben sich die Hunde anders entwickelt. Wolf und Wolfhybride haben eine angeborene Scheu vor dem Menschen. Hunde haben diese abgelegt. Zuchtversuche an Füchsen haben gezeigt, dass binnen 18 Generationen zahme, friedliche und zu Menschen zutrauliche Füchse gezüchtet werden können. Dann wäre noch die Frage zu stellen, was ist denn mit der Dominanztheorie in der Beziehung Mensch-Hund? Dies wurde nie untersucht.

Für die Hunde hat sich fatal ausgewirkt, dass die Ergebnisse von Untersuchungen an in Gefangenschaft gehaltenen Wölfen einigen Hundeausbildern zu Ohren kamen und es begann die Entstehung eines Mythos. Zitat Konrad Most(1910/1955): »*In einem Rudel junger Hunde finden heftige Kämpfe statt, um die Rangordnung im Rudel festzulegen. In einem aus Menschen und Hunden bestehenden Rudel gibt es aus Sicht des Trainers eine starke Konkurrenz um die Führung. Wenn diesem Zustand nicht durch den Hunden verständliche Methoden entgegengewirkt wird, endet es häufig damit, dass solche Tiere nicht nur ihre Ausbilder, sondern auch andere Menschen angreifen und ernsthaft verletzen. Wie in einem Hunderudel kann die Rangordnung in einem aus Menschen und Hunden bestehenden Rudel nur durch körperliche Gewalt hergestellt werden – das heißt, durch einen Kampf, bei dem der Mensch sofort gewinnt. Man kann ein solches Ergebnis nur dadurch erreichen, dass man den Hund von der absoluten körperlichen Überlegenheit des Menschen überzeugt.*«

Anhänger der Dominanztheorie konnten Generationen von Hundehaltern überzeugen, dass die meisten natürlichen Verhaltensweisen von Hunden Anzeichen dafür sind, dass der Hund nach der Führung in der Familie strebt, nach der Alphaposition! Es folgte ein aggressiver und von Konfrontationen gekennzeichneter Wettkampf um die Rolle des Rudelführers. Das ist die schwerwiegendste Folge des Missverstehens der Dominanztheorie! Ein riesiger Schaden ist in den Beziehungen zwischen Menschen und Hunden entstanden, und der Hund leidet am meisten unter den dadurch verursachten Problemen.

Für die Hunde sind solche von Konfrontationen und Aggressivität geprägten Beziehungen gleichbedeutend mit einer Lebensgeschichte, die durch fehlende Sicherheit gekennzeichnet ist!

Wie sind solche Sachen möglich, wie konnte ein Konrad Most zu Erfolg kommen? Most ist auch aus der Zeit, in der er lebte, zu verstehen. Es war vor dem ersten Weltkrieg als die erste Ausgabe seines Buches publiziert wurde (1910). Most war Oberst in der preußischen Polizei und dort als Hundeausbildner tätig. Und damit hätten wir den Kreis geschlossen, es war die Zeit der schwarzen Pädagogik!

Es war eben Pech, dass die Lerntheorie nach Most erkannt wurde, Pech für Generationen von Hunden. Weil kein anderes Wissen da war, begann die Gewalt. Und noch heute hat die Dominanztheorie ihre Anhänger und wird angewandt. All die kleinen Schikanen und Methoden der Erziehung! Der Hund hat aufzustehen und den Weg frei zu machen, wenn sein Herr und Meister gelaufen kommt. Auch geht zuerst der Mensch, dann der Hund durch jede Türe. Und wenn sich der Hund vordrängt, ja, dann ist er dominant und dann beginnt das volle Spektrum der Gegenmaßnahmen und endet in einer zerstörten Beziehung zum Hund.

Schlussfolgerungen

Was bleibt uns nach so viel Theorie? Wir müssen die Lerntheorie kennen, sie gilt immer und für alle Wesen. Die operanten Paradigmen sollten nicht ganz unbekannt sein, und die Werkzeuge des konditionierten Verbots- und Falsch-Signals sollten angelernt (= konditioniert) werden. Aus den vier Methoden der operanten Konditionierung können wir in unserer heutigen Gesellschaft zwei ethisch vertreten, die Methode der positiven Bestärkung und die des negativen Bestrafens. Auf diesen zwei Spielfeldern bilden wir unsere Hunde aus, erklären, welches Verhalten gewünscht ist und welches unerwünscht.

Ich habe Ihnen viel über Theorie erklärt. Was wir vergessen können, ist die Dominanztheorie, Alphaposition. Auch vergessen können wir für die Ausbildung all die Sachen, die zur schwarzen Pädagogik gehören.
Das Wichtigste ist, dass Sie nach der Theorie die Möglichkeit haben, Bücher und Angebote in Hundeschulen zu beurteilen und einzuordnen. Spielen die Anbieter auf heute ethisch vertretbaren Ebenen oder ist die Ausbildung und damit das Lernen auf Zwang ausgerichtet.

»Kann mir denn niemand sagen, wie das geht? Ich will doch nur einen Hund erziehen!« Das war die Ausgangsfrage eines verzweifelten Welpenbesitzers. Ich möchte Ihnen einige Tipps für die Erziehung geben. Viele sehr gute Bücher geben zum Thema Erziehung umfangreich Auskunft und berücksichtigen die Lerntheorie gebührend. Dort wird ausführlich gezeigt, wie die Theorie in die Praxis umgesetzt wird. Ich möchte Ihnen die praktische Umsetzung der Theorie anhand des Aufbaus der Unterordnung, einem Bereich in vielen Hundesportdisziplinen, auf dem auf Motivation aufbauendem Weg aufzeigen. Die andere Möglichkeit wäre, den operanten Weg mit dem Clicker zu wählen. Diesen Weg hat meine Tochter Nina Miodragovic in ihrem Buch »So denkt Ihr Hund mit« ausführlich beschrieben.

Voraussetzungen für den Hundesport

Erziehung und Kinderstube

Von dem Tag an, an dem Sie Ihren Welpen abholen, beginnt der gemeinsame Weg. Sie wollen diesen Weg bestimmen – und Sie können es. Lassen Sie sich ein paar Tage Zeit, lernen Sie Ihren Hund kennen und einzuschätzen. Ist es ein total unsicheres Tier, ein vorsichtiger oder neugieriger Vertreter? Oder ein stinkfrecher Kerl und nicht zu beeindruckender Draufgänger? Lassen Sie sich nicht von der Aktivität des Kleinen täuschen. Hochaktiv heißt nicht zwingend selbstbewusst und selbstsicher. Bringen Sie Ihren Hund mit einem erwachsenen Hund zusammen. Seien Sie aber sicher, dass es sich um einen sozial kompetenten Hund handelt.

Schauen Sie sich die Begegnung an. Aber für alle Welpentypen gilt: Unterschätzen Sie das Potential des Welpen nicht! Und viel Vergnügen mit den Draufgängern, es sind die tollsten Hunde. Aber da gilt es, von Anfang an die Führung zu übernehmen. Da beginnt die Erziehung sehr früh. Machen Sie sich eine Liste, was für Ihren Hund sehr wichtig ist, was für ihn Ressourcen sind!

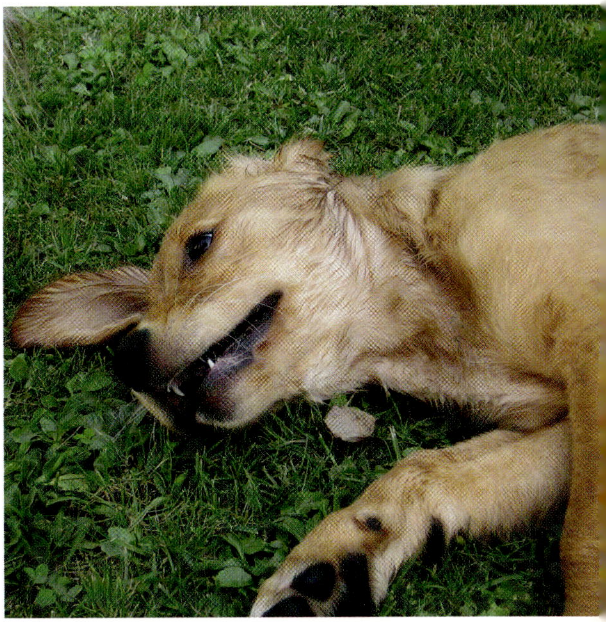

Will er unbedingt zuerst nach draußen stürmen, frisst er wahnsinnig gerne, liebt er Pansen, liegt er sehr gerne mit in Ihrem Bett?

Führen heißt: Regeln aufstellen und Regeln durchsetzen. Dadurch sind Sie am längeren Hebel. Lassen Sie sich in dieser Beziehung von niemandem irgendwas aufschwatzen. Die Regeln, die Sie aufstellen, sind Gesetz! Und noch etwas gehört zum Führen: Nämlich die Ressourcen zu verwalten. An dieser Stelle setzen Sie an. Frisst Ihr Hund gerne, super, die Ressource können Sie täglich mehrmals verwalten. Da gibt es viele Ideen für Übungen.

Eine Übung für Fortgeschrittene ist, den Hund vor der offenen Küchentür warten zu lassen, während man sein Futter zubereitet. Eine Übung für Welpen ist, die Futterschüssel erst abzustellen, wenn der Welpe brav sitzt. Die Theorie kennen Sie. Fressen ist für Ihren Hund wichtig, also wird er, wie Wölflein, viele Varianten ausprobieren, um es zu bekommen.

Eine weitere Übung: Gehen Sie mit der Futterschüssel zum Fressplatz, bleiben Sie stehen, geben Sie kein Signal, bleiben Sie ruhig. Warten Sie auf die Reaktion Ihres Hundes. Macht er Theater – Hüpfen, Springen, Bellen, Hin- und Herrasen, bleiben Sie ruhig. Wenn sich Welplein setzt, loben Sie sofort und stellen die Schüssel hin. Setzt er sich nach ein paar Minuten nicht, bringen Sie die Schüssel kommentarlos wieder in die Küche. Lassen Sie den Kleinen längere Zeit studieren, die erfolglosen Versuche sortieren und in die Schublade »Erfolglos« unterbringen. Dann probieren Sie es nochmals von vorne.

Es ist keine unmögliche Übung, vom Hund zu verlangen, dass er sich setzt. Sie dürfen das verlangen. Dem Welpen ist das Fressen viel Wert, und er wird viel versuchen, lassen Sie ihn arbeiten. Halten Sie sich an das Motto: »Bitte nicht helfen, es ist auch so schon schwer genug!« Aber stellen Sie nie die Schüssel ab, bevor der Welpe sitzt. Dann wäre er zwar zu seiner Ressource gekommen, aber er hätte nicht das Ziel erreicht, das Sie im Blick hatten.

Auf diese Weise bringen Sie Ihrem Kleinen Schritt für Schritt gutes Benehmen bei, Sie setzen die Benimmregeln und lassen den Kleinen diese verstehen. Sie beharren darauf, dass er sie einhält. Sie lassen ihn spüren, wer den längeren Hebel bedient, dass er auf Ihre Regeln eingehen muss. Nehmen wir als Beispiel nochmals die Futterschüssel. Zuerst bekommt er sie, sobald das Hinterteil beginnt, sich abzusenken, dann, wenn es den Boden berührt, dann, wenn es einen kleinen Augenblick am Boden bleibt. Und nach Wochen setzt sich Ihr Hund und wartet, sobald Sie die Schüssel in die Hand nehmen.

Mit der Zeit werden Sie entscheiden müssen, ob Sie mit Ihrem jungen Hund in eine Hundeschule wollen. Oder vielleicht reizt Sie die Aktivität in einer Hundesportdisziplin? Dann begeben Sie sich rechtzeitig auf die Suche.

Das erste Lebensjahr des Hundes sinnvoll nutzen

Sprachen lernen macht müde, täglich Neues erleben in der großen, weiten Welt macht schläfrig. Lernen, sich sozial richtig zu verhalten, ist nicht einfach, es braucht Energie und Kraft. Gleichzeitig wachsen Körper und Kräfte und die Pubertät setzt ein. Wo hat da ein sich ständig wiederholendes Training, das außerordentliche Anforderungen an die Konzentration stellt, noch Platz?

Ich bin heute überzeugt, dass wir nichts verpassen, wenn wir unseren Welpen Hund werden lassen, ihn sozialisieren, mit ihm viel erleben und ein tolles Verhältnis aufbauen. Nützen wir doch einfach die Zeit, unseren Hund kennen zu lernen, lassen wir ihm die Zeit, uns kennen zu lernen!

Eines allerdings muss der kleine Kerl vom ersten Tag an lernen: Appell! Wenn wir rufen, hat er zu kommen. Appell ist überlebenswichtig, ohne Appell haben wir keine Chance unseren Welpen vor einer Straße abzurufen oder ihn vor anderen Gefahren zu bewahren. Appell schenkt uns der Welpe, nützen wir es aus! Der Welpe wird sich nie weit von uns entfernen, vor allem in unbekannter Gegend nicht. Er wird sich optisch immer wieder vergewissern, wo wir sind. Das ist die Chance, die es zu nutzen gilt. Sobald er uns anschaut, rufen wir ihn und gehen in die Knie. Man soll den Welpen nie abrufen, wenn er sich intensiv und interessiert mit etwas beschäftigt, sondern nur, wenn wir die Chance haben, dass er uns hören kann. Für jedes Herbeikommen gibt es ein kleines Wurststück und viel verbales Lob. Danach wird er wieder auf Entdeckungsreise in seine Umgebung entlassen.

Nicht regelmäßig zu trainieren, heißt aber nicht, dass wir den Kleinen nicht auf den Trainingsplatz mitnehmen sollen. Er soll ruhig mitkommen, die Atmosphäre schnuppern, sich alles ansehen und Hunde und Menschen kennen lernen. Auch eine gelegentliche Schnupperstunde wird ihm nicht schaden. Unter Schnupperstunden verstehe ich alles, was nichts mit Konzentration zu tun hat. Zum Beispiel eine vielleicht drei Meter lange Spur, oder ein zehn Meter weites Hinausrennen in den Wald – eine einfache Abrufübung eben. Natürlich muss die Anlage optimal sein und der Hundeführer darf auch keine Präzision erwarten. Egal wie das Ergebnis ausfällt, es soll eine Schnupperstunde bleiben. Keine Wiederholungen, keine Ansprüche an die Konzentration, das legen wir einfach für die nächsten Wochen auf die Seite und vergessen es. Es ist ein Spiel, ein Teil der Sozialisierung, aber sicher keine Ausbildung im Hundesport.

Erst wenn unser junger Hund psychisch und physisch gereift ist und damit überhaupt fähig, die geforderte Konzentration aufzubringen, beginnen wir mit der Arbeit im Hundesport. Bis dahin legen wir lediglich die wichtigsten Grundlagen. Wir ordnen unseren Hund in das neue Rudel Hund-Mensch ein und ordnen ihn nicht einfach nur unter. Wir bringen ihm unsere Sprache bei und geben ihm die Chance uns zu verstehen.

So schweißen wir das künftige Team Hund–Hundeführer zusammen. Der Hund wird es uns danken und freudig mit uns kooperieren, wenn er in uns eine Stütze und einen konsequenten Führer findet.

Zusammenfassung:

Es gilt, die Zeit bis zur Geschlechtsreife des Hundes zu nutzen, um den Appell aufzubauen und zu festigen. Gelegentliche spielerische Übungen schaden sicher nicht, aber bitte nicht übertreiben! Der Junghund – und der Welpe erst recht – ist von der psychischen Entwicklung her gar nicht in der Lage, längere Anforderungen an die Konzentration zu bewältigen. Wer Geduld aufbringt, verpasst nichts in der Ausbildung. Besser ist es, die Zeit zu nutzen und den Hund liebevoll und konsequent in das Rudel Hundeführer – Hund einzuordnen statt ihn unterzuordnen. Das ist das große Ziel im ersten Lebensjahr unseres Hundes.

Die Auswahl des Vereins, denn Verein ist nicht Verein

Wo in Ihrer Umgebung ein Verein zu finden ist, erfährt man über die jeweiligen Landesorganisationen. In der Schweiz bei der Schweizerischen Kynologischen Gesellschaft (SKG), in Österreich beim Österreichischen Kynologenverband (ÖKV) und in Deutschland beim Verband für das Deutsche Hundewesen e. V. (VDH) oder beim Deutschen Verband der Gebrauchshundesportvereine. Es ist am Hundeführer, für sich und seinen Hund die richtige Umgebung für den Hundesport zu finden. Nehmen Sie sich Zeit, den richtigen Verein zu finden. Ich empfehle jedem, sich verschiedene Vereine anzusehen, dabei den Hund aber nie mitzunehmen. Die Gefahr, dass man aufgefordert wird, den Hund zu holen und sofort mitzumachen, ist zu groß, und schon ist er mitten in der Ausbildung. Besser ist, Übungen besuchen und sie als Zuschauer zu erleben. Dabei sollten Sie sich von Ihrem Gefühl leiten lassen, und auf Ihr Wohlsein achten. Militärische Umgangsformen, grobes Verhalten zu den Hunden und Äußerungen wie: »Jetzt hat mich der Mistkerl wieder hereingelegt!«, zeugen nicht von einem Verständnis für Hundeausbildung. Beobachten Sie die Hunde, wie sie auf den Übungsplatz kommen. Freuen sie sich? Brennt in ihnen das Feuer der Erwartung, mit ihren Hundeführern etwas üben zu dürfen? Oder werden sie auf den Platz geschleppt, schnuppern uninteressiert am Boden und machen einen lustlosen Eindruck? Wie benehmen sich die Teilnehmer? Wird auch gelegentlich gelacht und gescherzt, oder kommt man sich wie auf dem Exerzierplatz vor? Fragen Sie sich ernsthaft, ob Sie auf diesem Übungsplatz mit diesen Teilnehmern Ihre Freizeit verbringen wollen.

Zusammenfassung:

Wo ein Hundesportverein zu finden ist, erfährt man am besten bei den jeweiligen Landesorganisationen. Lassen Sie sich Zeit, den passenden Verein zu finden und treffen Sie einen Herzens- und keinen Vernunftentscheid. Sie werden noch viele Stunden dort mit Ihrem Hund verbringen, und die Freizeit verbringt man nicht mit irgendjemandem. Und bis der Hundeführer die ihm zusagende Umgebung für das Training gefunden hat, sollte der Hund brav zu Hause warten.

Die Bedeutung der Übungsgruppe

Das Wichtigste ist, eine gut funktionierende Trainingsgruppe zu haben, in der keine »Lehrer-Schüler-Mentalität« herrscht, sondern in der ebenbürtige Partner miteinander üben. Jede Idee kann gut sein und jede Beobachtung und Kritik ist Gold wert. Jeder Hundeführer soll zu Beginn sagen können, was er geübt hat, was gut gegangen ist und was nicht, was er nun zeigen will. Erst dann holt er den Hund, arbeitet mit ihm, beendet die Übung mit Spielen, legt seinen Hund wieder ab. Und erst dann wird die Übung besprochen. Natürlich ist es wichtig, dass der Übungsleiter kompetent ist, das heißt aber nicht, dass er die Meinung der anderen Gruppenteilnehmer nicht anhören soll.
Während der Arbeit ist der Hundeführer auf die ganze Gruppe angewiesen, auf genaues Beobachten seiner Bewegungsabläufe und der Reaktionen seines Hundes. Die ganze Gruppe muss aufmerksam sein, jeder sieht etwas anderes, und von Anfang an sollte an Details gearbeitet werden. Unsere Körpersprache muss in jeder Übung immer die gleiche sein, unsere Gestik soll den Hund nicht blockieren. Daran muss von der ersten Übungsstunde an gearbeitet werden. Für nicht erwünschtes Verhalten des Hundes müssen wir den Fehler bei uns suchen. Vielfach liegt der Grund in unserer Körperhaltung, die einmal so, einmal anders ist. Das versteht der Hund nicht, die Orientierung, die er bei seinem Meuteführer sucht, findet er dann nicht und reagiert verwirrt. Wer kennt es nicht: Eine Rechtswendung klappt wunderbar, in der nächsten verliert der Hund den Anschluss, klappt die Ohren zurück und hastet mit gesenktem Kopf hinter seinem Hundeführer her. Dieser Hundeführer hat nicht gelernt, sich vor, in und nach der Wendung immer gleich zu bewegen. Sein Hund konnte die Wendung nicht voraussehen, deshalb entstand der Fehler.

Die Trainingsgruppe aber, die diese Beobachtung macht, hilft dem Hundeführer auf seinem Weg, eine gute Unterordnung aufzubauen. Haben wir also einen Verein gefunden, in dem diese Ausbildungskriterien beachtet werden und wo wir uns zudem wohlfühlen, können wir mit unserem Hund an den Übungen teilnehmen. Die Grundlagen sind gelegt, das große, tolle Abenteuer der Hundesportausbildung kann beginnen.

Zusammenfassung:

Gute Übungsleiter sind wichtig, kritisch beobachtende Gruppen aber viel wichtiger. Wo diskutiert wird und jeder seine Meinung vorbringen darf, da sind Sie richtig!

Die Grundausbildung

Überforderung – der Feind jeder Ausbildung

Überforderung ist der Feind jeder Ausbildung. Sehr oft ist man sich gar nicht bewusst, dass man jemanden überfordert, weil man sich nicht in seine Lage versetzt, wenn man ihm etwas vermitteln will, das für uns selbstverständlich ist.
Die Ausbildung im Hundesport ist sehr komplex. Das Wichtigste ist, den Hundeführer selbst auszubilden, ihn in kleinen, nachvollziehbaren Schritten an das Übungsziel des Tages heranzuführen. Nur so kann er die Freude über das Erreichte an seinen Hund weitergeben und sie können als Team ihre Ausbildung durchlaufen. Aus diesem Grund habe ich versucht, die Ausbildung in einzelne Ebenen einzuteilen.

Die erste Autofahrstunde mit meiner Tochter werde ich nie vergessen. Sie telefonierte freudig, der Lernfahrausweis sei da! Wir könnten heute Abend zum ersten Mal fahren gehen, aber um sieben hätte sie mit Kolleginnen abgemacht. Natürlich konnte ich den Arbeitsort an diesem Abend erst verspätet verlassen, um die Tochter abzuholen und mit ihr ins Industriegebiet zu fahren. Wo ich vorgesehen hatte, die erste Fahrstunde meiner Tochter zu begleiten, war zu unserer Überraschung neu ein Fahrverbot eingerichtet worden. Also wenden, und schon hatte ich den Wagen auf einem Abstellplatz, aber mit eingeschlagenen Vorderrädern, geparkt. Nun folgten ein schneller Fahrerwechsel und einige Übungen an den Pedalen. Dann kam der große Moment, meine Tochter startete den Motor und ich gab die väterlichen Ratschläge: »Etwas mehr Gas, jetzt etwas weniger, langsam die Kupplung loslassen, ja toll, es fährt!« Ja, das Auto fuhr an und steuerte dank den eingeschlagenen Vorderrädern über die Straße auf das gegenüberliegende Bord zu. »Lenken, lenken«, war mein Vorschlag, es passierte aber nichts. Meine Tochter war noch mit der Kupplung beschäftigt. Also griff ich ins Steuer, leider etwas zu heftig. Ebenso heftig ließ die Fahrerin die Kupplung fahren, der Wagen schoss über die Straße hinaus. »Bremsen!!!« Das hatten wir aber nicht geübt, und schon endete die Fahrt im Acker.

Was hatte ich falsch gemacht? So ziemlich alles, was man falsch machen kann, wenn man jemandem eine komplexe, neue Tätigkeit beibringen will. Unter Zeitdruck konnten wir uns den Grundlagen, dem Bedienen und der Funktion der Pedale, nicht genügend widmen. Meine Übungsanlage, anfahren und gleichzeitig lenken, war zu schwierig. Ich hatte meine Tochter hoffnungslos überfordert. So konnte sie das Übungsziel des Tages nicht erreichen.
Das gleiche Entsetzen wie im Gesicht meiner Tochter während ihrer ersten Fahrt kann ich oft auf Übungsplätzen beobachten. Da lässt man einen Anfänger das erste Mal mit dem Hund auf den Platz kommen. »Setz den Hund neben dich! Nein, links, nicht rechts! Ja, gut. Er soll dich anschauen, ruf ihn an! Nein, nicht aufstehen lassen! Nochmals von vorne! Jawohl, wenn er dich anschaut, marschiere los. Jetzt ist gut! Marschieren, schneller, gut so, und nach rechts! Jetzt anhalten, anhalten! Der Hund auch! Er soll sitzen!! Na ja, das wird schon noch.« Wie bei meiner genial angelegten Autofahrstunde auch, sind hier zwei Lebewesen total überfordert.

Was ist die Voraussetzung für eine Unterordnung?

Eine Unterordnung zu laufen heißt, den Hund in eine Spannung zu bringen und die Spannung über den ganzen Bewegungsablauf zu halten. Das ist nur möglich, wenn die einzelnen Elemente im Zustand der Spannung eingeübt werden. Dabei muss eine logische Reihenfolge eingehalten werden. Zum Beispiel ist es völlig sinnlos, das Durchgehen einer Personengruppe zu üben, wenn weder Hund noch Hundeführer das Folgen frei beherrschen. Ebenso ist das Üben des Folgen frei sinnlos, solange der Hund die Konzentrationsübung in der Grundstellung nicht perfekt beherrscht. Hat der Hund nicht gelernt, die Spannung in der Konzentrationsübung aufzubauen, wie soll er dann wissen, was er in die Bewegung mitnehmen und was er halten soll?
Aus diesen Überlegungen habe ich eine bestimmte Reihenfolge der Übungen abgeleitet. Es ist wie mit dem Hausbau: Steht das Fundament noch nicht fertig in der Baugrube, wird es niemandem einfallen, das Erdgeschoss zu bauen. Jedes zu bauende Stockwerk bedarf der Betonplatte, auf der man weiterbauen kann und die Betonplatte kann nur auf das abgeschlossene, untere Stockwerk gegossen werden.

Zusammenfassung:

Lassen Sie sich gerne überfordern beim Lernen einer neuen Tätigkeit? Nein? Ihr Hund auch nicht! Überforderung ist der Feind jeden Lernens und verhindert eine erfolgreiche Ausbildung. Deshalb habe ich die Grundausbildung so gegliedert, dass der Hund wie auch der Hundeführer in kleinen, aufeinander aufbauenden Schritten die Ausbildung durchlaufen können.

Eine kleine Bestandsaufnahme

Vor Aufnahme des eigentlichen Trainings sollte eine kleine Bestandsaufnahme vorgenommen werden: Dabei soll geprüft werden, wie die Beziehung zwischen Hund und Hundeführer ist. Reagiert der Hund überhaupt, wenn er vom Hundeführer angerufen wird? Wie ist der Appell, kommt der Hund, wenn er gerufen wird?
Ist der Hund vor allem am Geschehen auf dem neuen Platz interessiert, soll man ihm zum Beobachten des Betriebs etwas Zeit lassen. Erst dann soll ihn der Hundeführer holen und versuchen, seine Aufmerksamkeit zu gewinnen.

Ebenfalls gilt es, die Kommunikation des zukünftigen Sportteams zu prüfen. Dazu eignet sich die von Urs Ochsenbein in seinem Buch »ABC für Hundebesitzer« (ebenfalls Müller Rüschlikon Verlag) beschriebene Bleibübung hervorragend. Durch konsequentes Vorgehen des Hundeführers und durch sein klares Kommunizieren, was erwünscht und vor allem was nicht erwünscht ist, kann diese Übung sofort zum Erfolg führen. Ochsenbein hat die Bleibübung sinngemäß wie folgt beschrieben:

Bleibübung nach Urs Ochsenbein

Der Hund sitzt bei Fuß, also dicht beim und parallel zum linken Fuß des Führers. Dieser ist völlig entspannt. Die Leine hält er mit der rechten Hand und lässt sie durchhängen. Der Führer hält die linke Hand vor den Kopf des

Hundes und gibt das Hörzeichen »Bleib!«. Danach nimmt er die Hand wieder zurück. Erst wenn diese Bewegung zu Ende und der Führer entspannt ist, wird zum nächsten Punkt weitergegangen. Ohne weitere Sicht- oder Hörzeichen oder gar Leinenbewegungen tritt der Führer jetzt entschlossen mit zwei, drei Schritten vor den Hund, dem er sich zuwendet, sodass die Leine nicht ganz gestreckt ist. Er wartet entspannt und blickt über den Hund hinweg. Nach einer Wartezeit, die ohne weitere Bewegung oder Aktion des Führers verstreicht und je nach Ausbildungsstand des Hundes ausgedehnt werden kann, hebt der Führer die linke Hand vor den Kopf des Hundes unter: »Bleib!« und senkt sie wiederum. Er wartet einen Augenblick entspannt und tritt dann entschlossen neben den Hund zurück, ohne ein weiteres Hör- oder Sichtzeichen zu geben. Er wartet einen Moment in dieser Endposition und lobt dann kurz den Hund mit »Brav Bleib«. Wenn der Hund während irgendeiner Phase der Übung die Sitzstellung verlässt, ist die Übung unter ruhigem, aber bestimmtem »Nein!« abzubrechen und ganz von vorne zu beginnen.

Diese Übung zeigt sofort auf, auf welchem Kommunikationsstand Hund und Hundeführer sind.
Reagiert der Hundeführer sofort auf das Verlassen der Sitzposition des Hundes und ist der Hund gewöhnt, vom Hundeführer für unerwünschtes Verhalten mahnend angesprochen zu werden, wird die Übung nach wenigen Wiederholungen erfolgreich sein. Damit steht dem neuen Team der Weg offen für den Einstieg in die erste Ebene.

Was aber, wenn die Bestandsaufnahme nicht befriedigend verläuft? Dann ist es zu früh, mit dem Hundesport zu beginnen. Je nach Vereinsorganisation kann das Team einen Einsteigerkurs, Erziehungskurs oder Ähnliches besuchen. Oder man versorgt den Hundeführer mit wenigen, aber nützlichen Tipps und schickt ihn nach Hause. Die Hausaufgaben könnten z. B. so aussehen: Führe deinen Hund die nächste Zeit nur an der Leine und schweige! Ist der Hund nicht abgelenkt, rufe seinen Namen und gib dein Kommando zum Herbeikommen, z.B.: »Fifi, komm!«. Nimm gleichzeitig ein Futterstück in die Hand. Wendet sich der Hund dir zu, gib ihm das Futter und setze den Weg schweigend fort. Dies ist pro Spaziergang öfters zu wiederholen, aber nur, wenn der Hund nicht am Schnüffeln oder sonst wie abgelenkt ist.

Klappt diese Übung über viele Spaziergänge zuverlässig, kann das Gleiche unangeleint versucht werden. Gleichzeitig soll die Bleibübung mehrmals täglich durchgeführt werden. So wird sich der Erfolg schnell einstellen und auch dieses Team kann an der nächsten Übung den Einstieg in den Hundesport wagen.

Zusammenfassung:

Vor Beginn der eigentlichen Ausbildung soll kurz geprüft werden, wie die Bindung des Hundes an den Hundeführer ist und wie die Kommunikation klappt. Der Hund soll dem Hundeführer Aufmerksamkeit schenken, wenn ihn dieser anruft. Der Kommunikationsstand lässt sich anhand der Bleibübung nach Urs Ochsenbein leicht überprüfen.

Die erste Trainingsebene

Übungsziele:

- Der Hundeführer lernt, den Hund mit Gegenständen zu motivieren
- Der Hundeführer lernt, den Hund mit Futter zu motivieren
- Der Hund lernt die Spannung in Ruhe

Das Spiel findet immer zwischen Hundeführer und Hund statt. Für den Hundesport brauchen wir Spiele aus dem Bereich des Beutemachens.

AUF DER ERSTEN EBENE soll sich der Hundeführer die wichtigsten Grundlagen für den Hundesport erarbeiten: die Motivation! Mit Spiel und Futter soll der Hund motiviert werden können, er soll sich freuen, mit seinem Hundeführer etwas zu unternehmen. Damit erarbeitet sich der Hundeführer die Werkzeuge, mit denen er den Hund in Zukunft führen und bestätigen kann.
Unter Spannung in Ruhe verstehe ich, dass man den Hund im Zustand der Spannung einen Moment verharren lassen kann. Er soll fähig sein, sein Triebziel zu fixieren und erst auf das Kommando des Hundeführers hin darauf loszugehen. Er kann losrasen, um spielen oder fressen zu können. Spannung in Ruhe zu erreichen, ist eine Frage der Kommunikation zwischen Hund und Hundeführer. Ohne Spannung in Ruhe artet jedes Spiel in ein wildes, unkontrolliertes »Gehopse« aus.
Bringt es ein Hundeführer nicht fertig, dass sein Hund die Spannung in Ruhe hält, fehlen ihm die elementarsten Voraussetzungen für den Hundesport, nämlich Konsequenz, Reaktion und Einfühlungsvermögen.

Motivation mit Gegenständen

Zum Thema Spielen mit dem Hund und zur Motivation mit Gegenständen existieren hervorragende Bücher und viele Kurse sind darüber gehalten worden. Ich möchte hier daher keinen mehrseitigen Exkurs in die theoretischen und praktischen Grundlagen des Spielens geben. Was wir für den Hundesport brauchen, sind schlussendlich Spiele aus dem Kreis des Beutemachens. Die Vorbereitungen für den richtigen Spielaufbau beginnen wir mit dem Welpen. Wir machen es uns zunutze, dass Wurfgeschwister ein unermüdlich scheinendes Bedürfnis zum Balgen haben. Nach der Übernahme des Welpen sind wir gefordert, das Spielen mit dem Welpen fortzuführen. Mit viel Feingefühl und Einfühlungsvermögen übernehmen wir die Rolle der Geschwister und bauen in der ersten Phase das Vertrauen zum Welpen auf. Das Spiel findet zwischen Welpe und Mensch statt und ist manchmal eine schmerzhafte Erfahrung. Hundemilchzähne sind für unsere Haut spitze Waffen, aber da muss man durch. Wer es nicht fertig bringt, mit seinem Welpen zu balgen und sich mit ihm auf dem Boden zu wälzen, verpasst die einmalige Gelegenheit, ein von Vertrauen geprägtes Verhältnis zu seinem Hund aufzubauen.
Erst später kann versucht werden, das Spiel mit Beutegegenständen aufzubauen. Grundsätzlich ist der Hund ein Jäger. Alles, was sich von ihm fortbewegt, kann für ihn Beute sein. Es dürfte also kein Problem sein, den Hund zu veranlassen, ein Stofftuch zu verfolgen. Auch sollte ein spielerischer Kampf um die Beute möglich sein. Aber hier ist der Besitzer wieder gefordert, Einfühlungsvermögen und Feingefühl walten zu lassen. Nicht mit jeder Hunderasse kann auf die gleiche Art und Weise gespielt werden; die genetischen Anlagen sind zu verschieden. Der schäferartige Hund interessiert sich für die lebende Beute, er wird ihr nachrennen, sie packen und tot schütteln. Der Retriever wird jede fortgeworfene Beute holen, aufnehmen und dem Hundeführer bringen. Der Rottweiler holt die Beute, geht mit ihr weg, legt sie ab und bewacht sie. Berücksichtigt man diese Unterschiede in der Veranlagung, wird klar, dass das Spiel mit einem Retriever anders aufgebaut werden muss als mit einem Schäferartigen. Man hüte sich vor dem Schema: »So wird gespielt«!
Ich möchte im Zeitalter der allgemeinen Spieleuphorie davor warnen, sich völlig unkritisch jedem Spiel zu widmen. Man sollte Rassen, die sehr beuteorientiert sind, nicht bis zum »Geht-

nichtmehr« auf weggeworfene Beute konditionieren. Schnell ist es geschehen, dass das Beuteverhalten nicht nur dem Spielzeug gilt; eventuell wird ein wegrennendes Kind zur Ersatzbeute.
Für spätere Apportierübungen ist es ebenfalls nicht unbedingt förderlich, dem Hund beizubringen, weggeworfenen Holzstöcken hinterherzurennen, diese zurückzubringen und dem Hundeführer vor die Füße zu werfen. Ebenso kann es kontraproduktiv sein, dem Hund nachzurennen, wenn er mit einem Schuh oder einem anderem Spielzeug wegrennt. Auch werden das Halten des Gegenstandes und das freudige Zurückkommen des Hundes nicht gefördert, indem man dem Hund alles aus dem Fang reißt, was er in unsere Nähe bringt, selbst wenn es für uns noch so unappetitlich ist.
Es gibt sie noch zuhauf, die Beispiele, wie man dem Hund mit bester Absicht lustige Sachen beibringt und nachher abgewöhnen muss. Spielen mit dem Hund ist eine tolle Sache. Spiel fördert die Beziehung und motiviert unseren Partner. Aber das Spiel muss wohl überlegt sein, zielgerichtet angelegt und dosiert durchgeführt werden. Dabei ist der Hundeführer nicht die Beutewurfmaschine, sondern das Spiel findet zwischen Hund und Hundeführer statt. Dieser bestimmt die Art und die Regeln, den Anfang und das Ende des Spiels.

Zusammenfassung:

Wenn wir den Welpen übernehmen, übernehmen wir auch die Rolle der Geschwister, die Rolle der Spielpartner. Das Spiel soll nur zwischen Mensch und Hund stattfinden. Erst später fügen wir die Spiele aus dem Kreis des Beutemachens bei. Vorsicht: Nicht mit jeder Rasse kann gleich gespielt werden und jedes Spiel ist kritisch zu hinterfragen. Ist der Hund durch Spiel motivierbar, haben wir ein erstes Werkzeug erarbeitet, das wir für die Arbeit im Hundesport brauchen.

1

Intensiv drängt der Hund nach dem Futter in der Hand des Hundeführers …

Motivation mit Futter

Ich persönlich kann für die einzelnen Elemente in der Unterordnung meinen Hund mit einem Gegenstand nicht gezielt führen. Es gibt viele Hundeführer, die das perfekt beherrschen. Mir liegt es viel mehr, den Hund mit Futter dorthin zu lenken, wo ich ihn haben will. Damit er sich lenken lässt, muss er Spannung auf dieses machen. Er muss nach dem Futter drängen, es erobern wollen. Gottfried Dildei zeigt dies in seinem Video »Schutzhund, Unterordnung, Teil 1« sehr anschaulich. Man bringt den Hund dazu, seinen Hundeführer zu treiben. Man hält dem Hund eine Hand voll Futter vor die Nase und geht mit ganz kleinen Schritten und sehr langsam rückwärts. Der Hund soll mit der Schnauze an die Hand stoßen und drücken, dann erhält er einen Brocken. Je intensiver er anstößt, die Hand und damit den Hundeführer vor sich hertreibt, umso häufiger erhält er Futter. Je

2

… und treibt diesen vor sich her.

3

Langsam und mit kleinen Schritten bewegt sich der Hundeführer rückwärts.

zurückhaltender der Hund ist, umso weniger Futter gibt es. Der Hund soll also nicht gefüttert werden, er soll vielmehr lernen, dass er durch Treiben das Füttern auslöst.

Die Motivation mit Gegenständen und die mit Futter sind die zwei grundlegenden Elemente, die der Hundeführer auf der ersten Ebene lernt. Ohne Motivation kann es keine Spannung geben, ohne Spannung keinen Hundesport. Aber Präzision und Lernfortschritte im Hundesport kann es auch nicht geben, wenn der Hund übermotiviert ist und damit überdreht. Gottfried Dildei hat den Begriff der qualitativ guten Spannung geprägt, das heißt, der Hund ist motiviert, aber er bleibt – ohne Hektik – klar im Kopf. Ich habe schon mehrfach erlebt, dass Schäferartige innerhalb kurzer Zeit mit Gegenständen total übermotiviert wurden und Retriever mit Wurstbrocken. Diese Hunde sind dann derart übererregt, dass man sie mental nicht mehr erreichen kann. Ihr ganzes Streben gilt dem Gegenstand oder dem Futter, etwas anderes nehmen sie nicht mehr auf. Dann sind wir so weit wie mit einem unmotivierbaren Hund. Den einen kann man für nichts motivieren, den anderen nur für sein Triebziel – aufnahmefähig für irgendwelche Lernschritte sind beide nicht mehr. Diesen Zustand gilt es unbedingt zu vermeiden, sonst verbauen wir uns und unserem Hund einen Weg in die Ausbildung!

Zusammenfassung:

Futter brauche ich, um meinen Hund zielgerichtet zu führen. Mit dem Spiel löse ich ihn aus der Konzentration und entspanne ihn. Futter und Spielzeug sind Werkzeuge, mit denen ich meinem Hund möglichst konfliktfrei die Unterordnung beibringen kann. Beide Werkzeuge sind aber nur dann einsetzbar, wenn sie dem Hund etwas bedeuten. Viele Hunde spielen und fressen gerne, dann hat es der Hundeführer leicht. Im anderen Fall müssen die Werkzeuge erarbeitet werden.

Spannung in Ruhe: *Aus dem intensiven Spielen ...*

... lässt der Hundeführer den Gegenstand ausgeben und den Hund warten.

Spannung in Ruhe

Die beste Spannung auf Motivationsgegenstände und Futter nützt dem Hundeführer wenig, wenn sein Hund keine Spannung in Ruhe aufbauen kann. Der Hund soll verharren können, gleich in welcher Stellung. In dieser Ruhephase soll er dann die Spannung aufbauen und auf Kommando auf sein Triebziel losrasen. Ohne diese grundlegende Disziplin wird jede Übungsstunde in ein fröhliches, aber zielloses »Gehopse« ausarten.

Spannung in Ruhe lässt sich nur aufbauen, wenn der Hund motiviert ist. Die Spannung auf ein Triebziel ist die Voraussetzung. Mit Gefühl und Konsequenz soll der Hundeführer den Hund verharren lassen. Ob der Hund sitzt, liegt oder aus dem Spiel heraus in stehender Position zum Verharren gebracht wird, ist absolut egal. Im Anfangsstadium der Ausbildung sollte man den Hund nur kurz verharren lassen. Mit Handzeichen und wiederholter verbaler Aufforderung zum Verharren wird der Hund in seiner Position gehalten. Die ganze Körperhaltung des Hundeführers soll Spannung ausdrücken.

Verharrt der Hund, wird er wieder freigegeben und kann auf sein Triebziel losrasen. Ist der Hund in qualitativ guter Spannung und damit für Neues aufnahmefähig, wird er schnell lernen, dass er nach dem Verharren sein Triebziel erreichen kann. Verharren und Spannung machen werden somit zum ersten Lernschritt, der über die Motivation erreicht wird.
Bevor diese drei grundlegenden Ziele: Motivation mit Gegenständen, Treiben nach Futter und Spannung in Ruhe, nicht erreicht sind, hat es gar keinen Sinn, mit irgendwelchen anderen Übungen anzufangen. Es ist meine Absicht, den Hund so weit zu bringen, dass er eine Unterordnung nicht absolvieren muss, sondern dass er sie ausführen will. Und er wird wollen, wenn er mit Futter motiviert wird und weiß, dass am Schluss gespielt wird. Erst mit der Zeit wird beim Hund ein gleitender Übergang zum freudigen Arbeiten mit seinem Hundeführer stattfinden.
Aber am Anfang braucht man Futter und Spiel als Werkzeuge, mit denen man den Hund konfliktfrei führen und in einem guten Spannungszustand halten kann. Spannung erzeugen und Spannung aufrechterhalten, das sind die Grundlagen jeder Ausbildung.

Es folgt der Moment der Spannung in Ruhe. Der Hund verharrt ruhig, beobachtet aber gespannt seinen Hundeführer. Dieser hält durch seine Körperhaltung und seine Ausstrahlung die Spannung im Hund aufrecht.

Der Hundeführer löst das Warten auf, ruft seinen Hund ab. Dieser rast auf den Spielgegenstand los ...

Zusammenfassung:

Lassen Sie sich gerne von Ihrem Hund die Futterschüssel vor dem Abstellen aus der Hand schlagen? Wohl kaum! Sie werden den Hund warten lassen, die Schüssel abstellen und erst dann darf er fressen. Ein Hund, der hier folgt, hat Spannung in Ruhe gelernt! Auch lässt man sich nicht gerne die Jackentasche zerreißen, weil der Hund unbändig sein Spielzeug holen will. Man lässt ihn sitzen, holt das Spielzeug hervor und erst dann wird gespielt. So soll es auch im Hundesport sein. Der Hund will an sein Triebziel gelangen. Er ist also motivierbar und somit ist das erste Ziel der Ausbildung erreicht. Der nächste Schritt ist, dass er lernt, dass er das Triebziel erreichen kann – aber nur nach einem Moment des disziplinierten Wartens.

... und das Spiel geht weiter.

Die zweite Trainingsebene

Übungsziele:

- Die Grundstellung und die Konzentrationsphase
- Das Vorsitzen
- Das Voran

Jeder Arbeitsschritt während der Unterordnung beginnt und endet mit der Grundstellung, es ist die zentrale Position.

Die korrekte Grundstellung von vorne.
Der Hundeführer steht aufrecht und wendet sich nicht seinem Hund zu. Der Blick ist in die Ferne gerichtet. Die Körperhaltung drückt Spannung und Konzentration aus. Der Hund sitzt links von seinem Hundeführer ohne diesen zu bedrängen. Die Konzentration des Hundes ist auf den Hundeführer gerichtet.

Die korrekte Grundstellung von links.
Der Hundeführer steht aufrecht und wendet sich nicht seinem Hund zu. Der Blick ist in die Ferne gerichtet.

Die korrekte Grundstellung von hinten.
Der Hundeführer steht aufrecht und wendet sich nicht seinem Hund zu.

Die Grundstellung:

»Bei jedem Anhalten hat sich der Hund, ohne Beeinflussung, sofort parallel zum Hundeführer und nahe dem linken Fuß zu setzen, Schulter auf Kniehöhe des Hundeführers.«

Auszug aus der PO der SKG

DAS WERKZEUG MOTIVATION ist auf der ersten Ebene gelernt worden. Jetzt kann man dazu übergehen, die Spannung in Ruhe und die Motivation zu verbinden und damit die Konzentrationsphase aufzubauen. Hier beginnt die präzise Arbeit in der Unterordnung. Der Hundeführer lernt den Hund in die Grundstellung zu bringen. Dort soll dieser verharren und die Spannung aufbauen. Es kann nicht genug betont werden, wie wichtig die korrekte Grundstellung ist.
Jeder Arbeitsschritt während der Unterordnung beginnt und endet mit der Grundstellung, es ist die zentrale Position. Es gilt, sie sauber und geduldig aufzubauen.
Schon früh soll der Hund vorsichtig und konfliktfrei an das korrekte Vorsitzen gewöhnt werden. Die gelernte Motivation und die Spannung in Ruhe werden dem Team dabei helfen.

Die gleichen Werkzeuge können verwendet werden, um mit dem Voran zu beginnen. Der Hund sitzt in der Grundstellung und sieht einen Helfer mit dem Triebziel, Futter oder Spielgegenstand, wegrennen. Der Hundeführer hält ihn im Zustand der Spannung zurück und erst auf Kommando geht es los.
Nebenbei lernt der Hund, Spannung in schnelle Bewegung umzusetzen und sich vom Hundeführer zu lösen.

Die Grundstellung und die Konzentrationsphase

Die Grundstellung wird sehr häufig unterschätzt und es wird ihr nicht die nötige Beachtung geschenkt. Der Hund wird bei Fuß gesetzt, und los geht es mit irgendeiner Übung! Die Grundstellung ist der Anfang und

Den Hund in die Grundstellung bringen: ohne Hund ...

Den Hund in die Grundstellung bringen: mit Hund

Der Hundeführer bringt den Hund in Spannung.

Der Hund wird abgerufen und erreicht die ausgestreckte Hand. Jetzt beginnt das auf der ersten Ebene gelernte Treiben.

Schluss eines jeden Übungsteils. Deshalb muss sie sehr sorgsam und über eine längere Zeitspanne aufgebaut werden. Nicht die Stellung als solche ist schwierig, sondern dass der Hund lernt, in dieser Stellung die Spannung auf den Hundeführer aufzubauen. An einer Prüfung soll die Grundstellung immer wieder der sichere Hafen sein, in dem sich Hund und Hundeführer erneut aufbauen, die Konzentration wieder finden, vorgefallene Fehler vergessen und sich auf den Anfang des nächsten Übungsteils vorbereiten können.

Deshalb verwende ich Wochen darauf, dem Hund Spannung in dieser Stellung beizubringen. Bevor er sich trotz Ablenkung nicht eine halbe Minute auf mich konzentrieren kann, mache ich keinen Schritt. Man halte sich immer vor Augen, dass Unterordnung zu laufen heißt: In der Grundstellung Spannung aufbauen und diese in die Bewegung mitnehmen und halten. Denn, was nicht aufgebaut ist, kann nicht gehalten werden.

Die Werkzeuge zum Erreichen des Übungsziels Grundstellung und Konzentrationsphase sind erarbeitet worden. Die Arbeit auf der zweiten Ebene kann beginnen.

Der Hundeführer nimmt die Bewegung des Hundes ab, indem er die Hand bis an den Oberschenkel und dann nach oben zieht. Der Hund folgt der Hand, bis er die Sitzstellung erreicht hat. Der ganze Vorgang wird von der Trainingsgruppe gut beobachtet und dem Hundeführer dabei geholfen, den richtigen Bewegungsablauf zu finden.

Die Hand wird waagerecht bis ans Bein weitergezogen, der Hund folgt dem Futter und hält Anschluss an die führende Hand des Hundeführers.

Die Hand wird nach oben geführt, der Kopf des Hundes folgt, die Hinterhand beginnt sich in Sitzposition zu senken.

Der Hund ist in die korrekte Grundposition geführt worden, der Hundeführer hat die korrekte Stellung eingenommen. Für den Hund spielte sich der ganze Vorgang konfliktfrei ab, der Hundeführer hat die auf der ersten Ebene erarbeiteten Werkzeuge, Spannung in Ruhe und Treiben, zum Führen des Hundes eingesetzt.

Jeder Hund lässt sich anders führen. Die Hand sollte am Anfang langsam bewegt werden, bis der richtige Bewegungsablauf gefunden ist und somit der Hund problemlos in die korrekte Stellung gebracht wird.

Hat es der Hundeführer endlich geschafft, den Hund sauber in die Grundstellung zu manövrieren, beginnt der Aufbau der Spannung. In schneller Reihenfolge wird anfangs das Futter mit der linken Hand aus dem Mund des Hundeführers geholt und dem Hund zugesteckt. Dabei soll der Hund ruhig sitzen. In Erwartung des Futters lernt der Hund, seinen Blick auf das Gesicht des Führers zu richten. Genau hier ist wieder die ganze Trainingsgruppe gefordert. Sie sollte den Hundeführer bei dieser Übung genau beobachten. Wichtig ist, dass:

- der Hundeführer von Anfang an aufrecht und gerade steht und sich nicht dem Hund zuwendet,
- der Hund sich immer an die gleiche Sicht des Hundeführers gewöhnt,

- wenn sich der Hundeführer in der Grundstellung dem Hund zu wendet, dieser im Folgen frei die Ansicht des Hundeführers suchen und schräg vorlaufen wird,
- man berücksichtigt, dass kleinen Hunden durch vorstehende Gilettaschen, breite Jacken oder Bauchtaschen die Sicht auf den Hundeführer versperrt wird und sie dadurch zum Vorsitzen neigen.

Sehr hilfreich für die korrekte Körperhaltung des Hundeführers sind hohe Spiegel. Alte Schranktüren mit montierten Spiegeln lassen sich leicht auftreiben. Stellt sich der Hundeführer an der richtigen Stelle vor dem Spiegel auf und ruft seinen Hund ab, kann er den gesamten nun folgenden Bewegungsablauf im Spiegel beobachten, ohne sich dem Hund dabei zuzuwenden. Der Hund wird in die richtige Position gebracht, und der Hundeführer steht von Anfang aufrecht und gerade. Zusätzlich kann der Hundeführer das Geschehen neben sich überblicken, ohne seine Körperhaltung ändern zu müssen.

Wie schon erwähnt, beginnt der Hundeführer nun in schneller Folge das Futter aus seinem Mund zu verabreichen. Geht er später dazu über, das Futter zu spucken, wird gelegentlich ein Wurststück auf den Boden fallen. Ich betrachte das nicht als Tragödie, lasse den Hund die Wurst suchen und manövriere ihn in die Grundstellung zurück. Dass der Futterbrocken auf den Boden fällt, ist insofern nicht tragisch, da ich damit den Hund für den vorangegangenen, kurzen Moment der Spannung belohnt habe. Das Übungsziel ist ja nicht Wurstfangen, sondern Spannung aufzubauen.
Bei sehr untalentierten Fängern reicht man das Futter aber besser mit der Hand. Man vergesse nie, dass noch kein Weltmeister im Futterfangen einfach so geboren wurde!
Futterfangen will gelernt sein. Auch hier gilt: Übung macht den Meister. Will man aber das Futterfangen üben, muss es nicht zwingend in der Grundstellung geübt werden; es gibt genügend Gelegenheiten im Alltag, eine Futterfanglektion durchzuführen.
Meine Hunde sind begeisterte Früchtefresser. Esse ich Obst, warten sie geduldig, bis ich ihnen ihren Teil des Apfels, der Birne oder einen Apfelsinenschnitz zuwerfe. Nutzen Sie solche wunderbaren Gelegenheiten, Ihrem Hund das Fangen beizubringen. Allerdings benötigt der Hund eine gewisse motorische Reife, um das fallende Futterstück überhaupt fangen zu können. Sobald er den Fang nicht erst aufmacht, wenn der Brocken auf dem Boden liegt, ist die Zeit gekommen, mit dem Futterfangspiel zu beginnen. Mit der Zeit dehnt man den Abstand zwischen dem Verabreichen der einzelnen Futterbrocken aus, aber nur so lange, wie der Hund die Spannung halten kann. Wenn Sie ihn mit der Hand füttern, sollten Sie dies abwechselnd mit der linken und der rechten Hand tun. So vermeiden Sie, dass sich der Hund auf eine der beiden Hände fixiert.

Noch einige Worte zum Spucken der Futterbrocken:
Ich will erreichen, dass der Hund seine ganze Spannung gezielt auf einen Punkt richtet, am besten auf das Gesicht des Hundeführers. Damit habe ich jederzeit die Möglichkeit Augenkontakt aufzunehmen, wie das später im Vorsitzen (S. 60) beschrieben wird. Der Hund sieht an meinem Oberkörper entlang zum Gesicht hoch und registriert somit jede noch so kleine Drehung des Oberkörpers. Dies wird bei den Wendungen im Folgen frei und vielen anderen Übungen von entscheidender Bedeutung sein. Deshalb ist es mir so wichtig, dass mein Hund dem Futterdepot in meinem Mund seine Aufmerksamkeit schenkt.

Ist der Hund **IN DER GRUNDSTELLUNG**, *beginnt der Spannungsaufbau. In schneller Folge wird das Futter aus dem Mund genommen und dem Hund mit der Hand an der richtigen Stelle und in der richtigen Höhe in den Fang gegeben. Dadurch wird erreicht, dass der Hund ruhig sitzen bleibt. Füttert man zu weit oben oder zu weit vorne, wird der Hund die ideale Stellung verlassen oder zu hüpfen beginnen.*

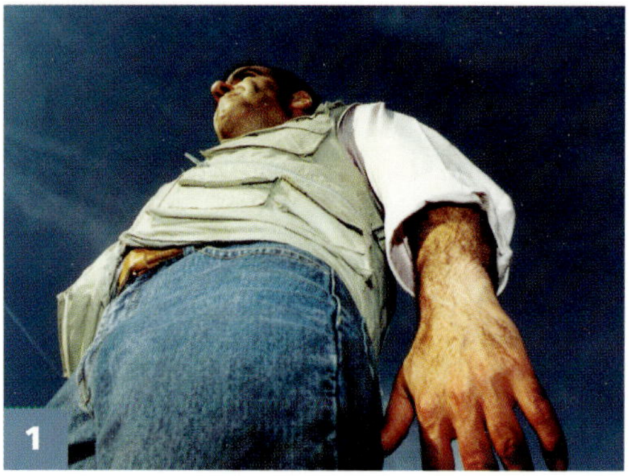

Hat der Hundeführer die korrekte Stellung, bietet er seinem Hund diese Ansicht. An sie soll sich der Hund während des Spannungsaufbaus gewöhnen. Diese Ansicht wird er auch im **FOLGEN FREI** *suchen und damit in korrekter Stellung dem Hundeführer folgen.*

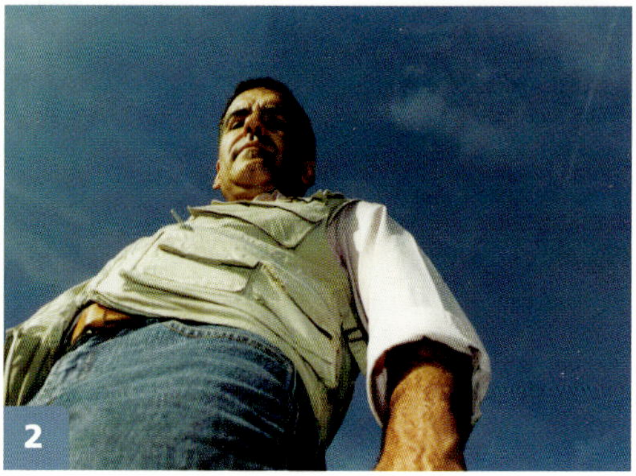

Nur eine kleine Kopfdrehung zum Spucken bietet dem Hund ein ähnliches Bild. Dieses Drehen findet auch nur für einen Moment statt.

Kann der Hund die Spannung schon eine Weile ohne ständiges Füttern halten, kann man versuchen, das Futter zu spucken. Mit einem kurzen Drehen des Kopfes wird das Futter gespuckt, der Kopf des Hundeführers wendet sich sofort wieder in die dem Hund bekannte Stellung.

Manchmal holt meine Hand den Futterbrocken, manchmal spucke ich das Futter. Immer aber ist es mein Mund aus dem das Futter kommt.

In dieser Phase lernt der Hundeführer, seinem Hund auch verbal mitzuteilen, was er gut und was er schlecht findet. Macht der Hund zwischen zwei Futterbrocken weiterhin Spannung auf den Hundeführer, muss ihn dieser loben, kurz und in angenehmer Stimmlage. Dann folgt wieder ein Futterbrocken. Schaut der Hund weg, was wir im Spiegel ja beobachten können, sollte dies mit mahnender Stimme unterbunden werden. Schaut der Hund den Hundeführer wieder an, wird er sofort gelobt und mit Futter bestätigt.

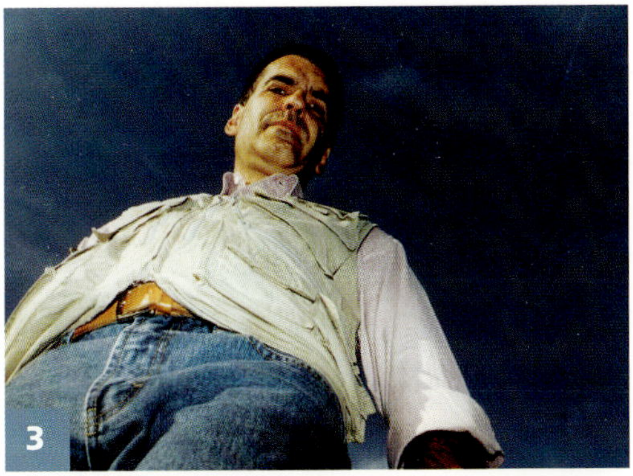

Eine ständige Drehung des Oberkörpers zeigt eine völlig andere Ansicht des Hundeführers. Lernt der Hund seinen Hundeführer während des Spannungsaufbaus so zu betrachten, wird er im **FOLGE FREI** *diese Ansicht suchen und sich damit das unerwünschte schräge Vorlaufen angewöhnen.*

Diese Methode hat sich sehr gut bewährt, um die Fixierung des Hundes auf die linke Hand zu vermeiden und dem Hund beizubringen, aufmerksam am Hundeführer hoch zu schauen.

Das Erlernen dieser unmittelbaren Kommunikation zwischen Hundeführer und Hund ist für die weitere, erfolgreiche Arbeit im Hundesport von entscheidender Bedeutung. Das Unterbinden von unerwünschten Handlungen des Hundes muss blitzartig, in Bruchteilen von Sekunden erfolgen. Korrigiert sich der Hund, muss dies sofort verbal bestätigt werden. Zeit zum Füttern oder Spielen bleibt noch genügend. Nur wenn wir sofort und verbal reagieren, kann der Hund verstehen, was wir von ihm verlangen und daraus lernen. Der Spiegel wird uns helfen, den entscheidenden Augenblick für die Reaktion abzupassen. Hundeführer sollten sich ruhig Wochen Zeit lassen, diese grundlegende Kommunikation zu lernen und sie ihrem Hund zu vermitteln.
Um die Übung abzuschließen gehe ich so vor: Aus einem Moment der Spannung lobe ich meinen Hund und mache gleichzeitig einen Schritt rückwärts. Das ist für meinen Hund das Zeichen zum Abbruch der Arbeit und zum Beginn des Spiels. Das Wesentliche ist für mich dabei der Schritt rückwärts. Dieser muss in keiner Sparte unserer Prüfungsordnung gezeigt werden. Wenn ich den Hund lobe und das Spiel mit einem Schritt vorwärts beginne, könnte sich in der Prüfung leicht ein Missverständnis ergeben: Ich will losmarschieren, der Hund findet es aber an der Zeit zu spielen und schon haben wir den »Salat«. Den Hund daran zu gewöhnen, dass die Spielphase mit einem Schritt rückwärts und gleichzeitigem Lob beginnt, ist also eine reine Vorsichtsmaßnahme – man soll das Risiko minimieren, wo es geht!
Wenn die Pausen zwischen den einzelnen Futterstücken schon etwas länger geworden sind, beginnt man vorsichtig, Ablenkungen einzubauen: Der Hundeführer gibt nach einer Pause wieder in kürzeren Abständen Futter, gleichzeitig klatscht jemand in die Hände. Natürlich wird sich der Hund ablenken lassen, es ist aber am Hundeführer, die Aufmerksamkeit seines Hundes wieder auf sich zu lenken und zu halten. Hier leistet der Spiegel wieder hervorragende Dienste, man kann sofort reagieren. Meistens genügt ein kurzes Anrufen des Hundes und anschließendes Verabreichen von noch mehr Futter. Nach ei-

nigen Versuchen sollte der Hund die Umgebung nicht mehr spannender finden als seinen Hundeführer. Das wäre der zu erwartende Normalfall.
Was aber, wenn es nicht so läuft? Das Wichtigste ist, dass der Hundeführer dann die Nerven nicht verliert und die Übung in der Gruppe analysiert und offen diskutiert wird:

- Hat man zu früh mit der Ablenkung begonnen?
- Ist vielleicht der Hund noch zu jung?
- Lässt sich der Hund schon genügend mit Futter motivieren oder hat man zu schnell etwas von ihm verlangt, das er noch gar nicht leisten kann?
- Stimmt die Rangordnung, ist wirklich der Hundeführer der Chef im Team? Bestimmt tatsächlich er, was läuft?

1
Will man eine Übung aus der Grundposition heraus beenden ...

Hat der Hund die psychische Reife und macht er genügend Spannung auf Futter, schlage ich vor, die Übung ohne Ablenkung weitere zwei, drei Wochen fortzusetzen und erst dann einen neuen Versuch zu starten. Geht das immer noch nicht, legt man lieber eine Pause ein, spielt mit dem Hund und macht ihn noch gieriger auf das Futter.
Bringen es Hund und Hundeführer allerdings gar nicht fertig, die Spannung zu halten, hat es überhaupt keinen Sinn weiterzumachen. Wer den elementaren Spannungsaufbau nicht schafft, sollte einsehen, dass entweder er selber oder sein Hund für den Hundesport nicht geeignet sind. Im Interesse des Hundes und der Beziehung zwischen Hund und Hundeführer würde ich persönlich mit der Unterordnung aufhören. Was man nicht mit Spannung erreichen kann, wird man versucht sein, mit Zwang zu erreichen. Das ist ethisch nicht vertretbar. Man kann es auch sonst ganz toll haben mit seinem Hund. Wenn die elementaren Voraussetzungen fehlen, muss nicht um jeden Preis eine Unterordnung erzwungen werden.

Ich betone noch einmal, dass man sich für diesen grundlegenden Übungsteil unbedingt genug Zeit nehmen muss, denn die Konzentrationsphase muss perfekt klappen. Es ist der Grundstein der ganzen zukünftigen Arbeit in der Unterordnung. Selbstverständlich muss der Hund fähig sein, die Spannung auch unter Ablenkung beizubehalten. Klatschen, sich bewegende Personen, Hunde, die an der Leine vorbeigeführt werden, dürfen ihn nicht ablenken. Seine Konzentration muss ganz dem Hundeführer gelten.

... hat es sich bewährt, zuerst einen Schritt rückwärts zu machen, sich ausgiebig zu freuen und erst dann den Spielgegenstand herauszuholen und mit dem Hund zu spielen. Das ist der sichere Weg dem Hund deutlich zu machen, dass eine Übung beendet ist und das Spiel beginnen kann.

Zusammenfassung:

Die Grundstellung einnehmen und Konzentration auf den Hundeführer aufbauen ist aller Übungen Anfang. Dazu benutze ich das auf der ersten Ebene erarbeitete Werkzeug der Motivation mit Futter. Die Konzentrationsphase beende ich mit dem anderen Werkzeug, dem Spiel. Da ich die Grundausbildung der Unterordnung in kleinen, aufeinander aufbauenden Schritten durchlaufen will, muss dieser Übungsteil perfekt sitzen, bevor ich mich weiterführenden Ausbildungsschritten widmen kann.

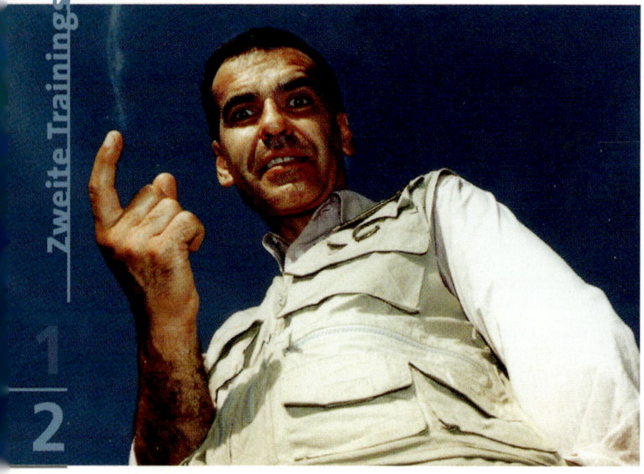

Seien wir doch ehrlich, jeder junge Hund kennt diese, nicht ganz konfliktfreie Ansicht seines Hundeführers.

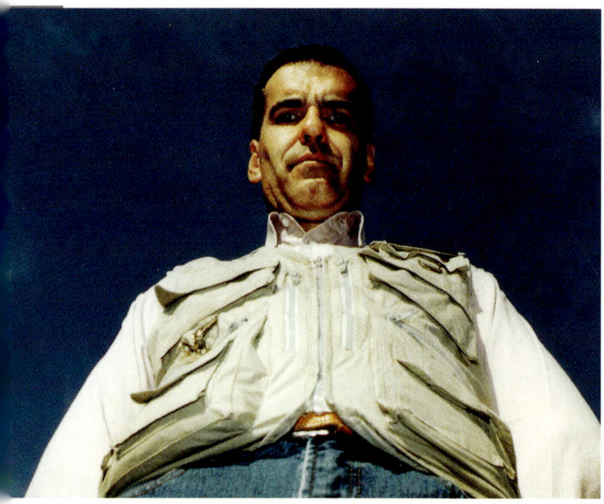

Dies ist die Ansicht, die sich dem Hund im Vorsitzen bietet. Sie kommt ihm unangenehm bekannt vor. Den Hund in diese Stellung zu zwingen, wird ihm kaum Freude bereiten. Wir müssen ihm über einen Umweg zeigen, dass diese Ansicht des Hundeführers nicht bedrohlich sein muss.

Das Vorsitzen

Zur gleichen Zeit wie mit dem Voran, soll man mit dem Vorsitzen beginnen. Die Voraussetzungen für den Anfang sind die gleichen: Der Hund muss Spannung in Ruhe machen können. Das Abrufen und Vorsitzen in der IPO sowie das Apportieren sind wichtige Elemente einer sauber vorgeführten Unterordnung. Das tadellos ausgeführte Vorsitzen setzt eine korrekte Technik des Hundes in der Schlussphase voraus. Das andere Problem ist unser Druck auf den Hund im Vorsitzen.

Versetzen wir uns in die Lage unseres Vierbeiners. Da sitzt er, und vor ihm steht – und das ganz nahe – sein Meuteführer und starrt ihm wenn möglich noch in die Augen. Diese Stellung kommt dem Hund unangenehm bekannt vor: Da gab es doch immer wieder Schelte oder vielleicht bei anderen Begebenheiten auch mal Züchtigungen. Immer war da der Chef nahe, weit oben und hat gestarrt. Jetzt soll es aber auf einmal eine lustige Übung sein. Der kluge Hund wird solche Situationen mit Vorsicht und Zurückhaltung angehen. Verheerend für das Vorsitzen ist es, den Hund von Anfang an am Halsband zu packen und in die richtige Stellung zu zwingen. Seine Zurückhaltung wird in Meideverhalten umschlagen und dieses wird er kaum je wieder ablegen.
Ich beginne diesen Übungsteil, indem ich dem Hund zeige, dass das Sitzen vor dem Hundeführer eine lustige und in keiner Weise bedrohliche Angelegenheit ist. Also darf ich ihn nicht unter Druck setzen. Dazu knie ich nieder und manövriere meinen Hund mit Futter vor mich hin in die Sitzstellung. Dabei lobe und füttere ich ihn, das Belohnungsspiel folgt am Schluss.

Um das **Vorsitzen konfliktfrei** *anzulernen, begeben wir uns auf die Höhe des Hundes. Ohne sich durch unsere Haltung bedroht zu fühlen, lernt er, dass er in dieser Stellung gefüttert wird. Auch lernt er hier auf behutsame Weise, dass der Hundeführer direkten Augenkontakt aufnimmt.*

Ist die Erwartungshaltung auf das Futter groß und macht der Hund freudig mit, versuchen wir, uns langsam zu erheben.

Die Konzentration des Hundes gilt dem Futter; immer noch wird in kurzen Abständen gefüttert. Zeigt der Hund in dieser Phase ein unsicheres Verhalten, so gehen wir wieder einen Schritt zurück. Wir nehmen wieder die sitzende Stellung ein und versuchen erst nach Tagen wieder, uns zu erheben.

Geschafft! Der Hund sitzt konfliktfrei vor. Nun kann der Hundeführer dazu übergehen, das Futter in größeren Abständen zu spucken. Dabei soll er Augenkontakt mit seinem Hund haben, und dieser soll gespannt an ihm hochschauen.

1

Der Hundeführer lässt seinen Hund warten und entfernt sich einen Schritt. Der Abstand ist von der Größe des Hundes abhängig und der Technik, mit der er ins Vorsitzen nachrutscht. Bei manchen Hunden genügt es, sich 20–30 cm nach hinten zu versetzen. Bei anderen Hunden muss, wie auf dem Bild gezeigt, ein deutlicher Abstand eingenommen werden.

2

Der Hund wird abgerufen. Ohne ganz aufstehen zu müssen, rutscht er nach, der Kopf geht hoch und die Hinterhand wird nachgezogen.

Sehr schnell wird der Hund freudig mitmachen und ich kann mich etwas erheben, indem ich mich zum Beispiel auf einen Stuhl setze.

Auch hier folgt der Aufbau dem Schema Schritt für Schritt. In einer völlig harmlosen Situation lernt der Hund die Stellung kennen und sich dabei wohl fühlen. Setze ich mich auf den Stuhl, bin ich für ihn von der Erscheinung her schon etwas bedrohlicher. Problemlos dem Futter folgend, findet sich der Hund vor einem in seiner Stellung leicht veränderten Hundeführer wieder, und wird sofort wieder gelobt und gefüttert. So kann er das veränderte Bild des Hundeführers konfliktlos verinnerlichen. Nun arbeite ich mich langsam in die Höhe, bis ich in voller Körpergröße vor meinem Tier stehe. Wie selbstverständlich wird er dies akzeptieren, gespannt auf den nächsten Futterbrocken warten und die Spannung auf mich halten. Damit ist die Grundlage für weitere Aufbauschritte gelegt.

Die Endstellung wird vom Hund als angenehm empfunden. Jetzt kann ich anfangen, ihn in diese Endstellung abzurufen und an der Technik des Hereinrutschens in die Endstellung zu arbeiten. Der umgekehrte Weg, ihn also zuerst abzurufen und ihn dann erst ins Vorsitzen zu bringen, wird nie funktionieren. Wieso soll der Hund freudig und schnell eine Stellung einnehmen, die er nicht kennt und die er als bedrohlich empfindet?

Rufe ich den Hund zum Vorsitzen ab, soll er nicht auf mich zurasen und mich mit der Nase anstupsen, danach stehen bleiben und sich erst dann setzen. Dadurch wird er sicher in zu großem Abstand vor mir sitzen. Ich will dem Hund beibringen, im letzten Moment die Hinterhand zu senken und in die Schlussstellung hineinzurutschen. Am einfachsten lernbar ist dieser Schritt ganz aus der Nähe. Ich lasse den Hund in der Sitzstellung warten, gehe einen Schritt zurück und rufe ihn in das Vorsitzen ab. So muss er die Hinterhand nicht

Die Position des Vorsitzens wird eingenommen.

Sofort bestätigt der Hundeführer die korrekte Position durch Spucken von Futter.

ganz hochnehmen, die Vorderläufe gehen nach vorne und hinten findet das erwünschte Nachrutschen statt. Vielleicht kommt er von selbst in das bekannte Vorsitzen, vielleicht braucht es noch etwas Hilfe mit der Hand. Kennt der Hund das Vorsitzen als angenehm, wird es nicht lange dauern, bis er freudig nachrutscht.

Im nächsten Aufbauschritt vergrößere ich die Distanz auf 20 Meter und mehr, der Hund soll richtig Tempo machen können. Da er gelernt hat, was Spannung in Ruhe ist, wird er freudig auf das Abrufen warten und dann auf mich zurasen.

Entscheidend ist nun, wie ich ihn in die Endstellung führe. Hierbei nehme ich wieder das Futter zu Hilfe. Keinesfalls darf ich einfach das Futter irgendwo am Körper halten; er wird mich unerwünscht anstupsen und nicht in die Stellung hineinrutschen. Ich muss das Futter in der Hand daher so halten, dass ich den Hund vorne und tief abhole (der Hund hält den Kopf tief), dann zu mir her ziehe und erst im letzten Moment die Hand nach oben führe. Meine Hand soll genau auf der richtigen Höhe die Bewegung abbrechen. Ziehe ich zu hoch, wird der Hund an mir hochspringen; halte ich zu tief an, wird es ihn zusammenstauchen.

Nach vielen erfolgreichen Übungen mit allen Hilfen und viel Futter, beginne ich mit dem Abbau der Hilfe. Kommt der Hund angerannt, gehen beide Hände immer später vom Körper zum Hund und bleiben schlussendlich ganz am Körper. Der Abbau der Hilfen ist Gefühlssache, bei dem einem Hund geht es schneller, beim dem anderen muss sich der Hundeführer mehr einfallen lassen. Sitzt der Hund schräg oder zu weit weg, manövriert man ihn in die richtige Stellung. Der Hundeführer lässt dabei die Füße an Ort und Stelle. Was er nie machen soll, ist eine Korrektur, verbunden mit einem Schritt zurück. Die Gefahr ist groß, dass der Hund die Übung dann folgendermaßen versteht: »Ich soll mich mit etwas Abstand vor den Hundeführer setzen, dieser macht dann einen Schritt zurück und ich folge in die korrekte Frontstellung«. So wird unser Hund nie begreifen können, wieso

Der Hundeführer ruft seinen Hund ab.

Der Hundeführer nimmt den Hund ab. Das Treiben des Hundes beginnt, er folgt der Hand mit dem Futter.

Der Hund wird an den Körper geführt.

der Chef dabei nie zufrieden ist, denn es wurde doch die ganze Zeit so geübt!

Wenn man damit beginnt, den Hund auf Distanz abzurufen, sollte man sich gleich möglichst weit entfernen. Bis man den angestrebten Ort erreicht hat, vergeht einige Zeit. Vom Hund wird derweil erwartet, dass er mit Spannung in Ruhe verharrt. Wie viel Spannung der Hund tatsächlich aufbaut, kann der Hundeführer nicht sehen, er dreht ihm ja beim Weglaufen den Rücken zu. Beobachtet die Trainingsgruppe, dass der Hund die Spannung abbaut, muss sofort etwas unternommen werden. Der Hund hat ja gelernt, dass es erst wieder spannend wird, wenn sich sein Hundeführer ihm zuwendet. Natürlich baut

Der Hundeführer hat sich 20 m und mehr von seinem wartenden Hund entfernt und ruft ihn dann ab. Um die große Distanz zu überwinden, wird der Hund sehr schnell auf den Hundeführer zurasen.

Es ist ganz wichtig, dass der Hundeführer seine Hände weit vorne belässt, den Hund aus der Bewegung abnimmt und ihm die Chance lässt, der Hand zu folgen.

Erst jetzt beginnt der Hundeführer den Hund hochzuziehen.
Das vorher gelernte Hineinrutschen in das Vorsitzen beginnt.

Der Hund hat die Vorsitzstellung erreicht. Hier wird er ausgiebig mit Futter bestätigt und die Übung wird mit Spielen beendet.

Zusammenfassung:

Ich zerlege die meisten Übungen in kleine Einzelschritte und übe häufig zuerst die Schlussstellung ein. Die Knacknuss beim Vorsitzen ist unser Druck auf den Hund, den diese Stellung bedingt. Es gilt, dem Hund zu vermitteln, dass diese Stellung auch angenehm sein kann. Für das Erreichen dieses Übungsziels der zweiten Ebenen benütze ich die auf der ersten Ebene erarbeiteten Werkzeuge Motivation mit Futter und Spannung in Ruhe.

er die Spannung dann wieder auf, nur ist die Gefahr zu groß, dass er vorher zu viel davon verliert. Man kann dem leicht vorbeugen, indem der Hundeführer den Hund warten lässt und sich wie gewohnt entfernt. Nach wenigen Schritten dreht er sich blitzartig um, holt das Spielzeug aus der Tasche, lobt den Hund und wirft gleichzeitig das Spielzeug hinter den Hund. Dieser darf es holen und mit seinem Hundeführer spielen. Auf diese Weise lernt der Hund, dass beim Weglaufen des Hundeführers etwas Interessantes passieren könnte, und er wird den Hundeführer genau beobachten und die Spannung aufrechterhalten.

Hat der Hundeführer seinen Hund bis an die Oberschenkel geführt, beginnt er die Hände nach oben zu ziehen. Der Kopf des Hundes geht jetzt hoch, die Hinterhand senkt sich. Man sieht deutlich, wie der Hund den letzten Schritt vor dem Hundeführer mit deutlich erhobenem Kopf einleitet.

Das Hineinrutschen vor den Hundeführer ist geglückt, auch nach dem Zurücklegen einer großen Distanz in hohem Tempo. Voraussetzung ist, dem Hund zu zeigen, dass es die gleiche Technik ist, wie beim schrittweisen Nachrutschen. Das wird nur gelingen, wenn es der Hundeführer schafft, den Hund aus vollem Tempo abzunehmen und genau an den Körper zu führen.

1

Der Hund sitzt in Grundstellung. Eine Helferin zeigt ihm den Futtertopf ...

2

... und rennt mit dem Topf weg.

3

Der Topf wird immer auf einen Geländewechsel gelegt, hier Wiese/Feldweg.

Der Hundeführer beugt sich zum Hund, hält die Hand nach vorne und auf Augenhöhe des Hundes.

Gleichzeitig mit dem Kommando für das Voran wird die Hand nach vorne bewegt, der Hund kann aus der Spannung in Ruhe losrasen.

Das Voran

Folgendes passierte mir vor vielen Jahren bei der Rottweiler-Schweizermeisterschaft. Das Wetter war fürchterlich, es schneite und regnete abwechselnd. Vor allem der Wind setzte uns allen zu. Da stand ich nun auf der Unterordnungswiese und schickte meinen Hund ins Voran. Das Einzige, was zu sehen war, waren neben der Wiese an einem Viehzaun angebrachte gelbe Plastikteile. Davon magisch angezogen, verließ mein Hund die Gerade, der er folgen sollte, und schnüffelte sich von Plastikteil zu Plastikteil. Das war der Moment, in dem ich mir geschworen habe, das Voran nie mehr mit einem Tellerchen und dem darauf liegenden Futter aufzubauen.

Bei dieser Methode wurde das Tellerchen irgendwo mitten in eine Wiese gesteckt. Der Hund wurde ins Voran geschickt und nach wenigen Versuchen lernte er, die Wiese mit den Augen abzusuchen. Es war mir eigentlich schon immer ein Rätsel gewesen, wieso der Hund in die von mir gedachte Richtung rennen sollte.

Der Hund hat sich vom Hundeführer gelöst und rennt dem Triebziel entgegen.

Erst der Ratschlag eines Kollegen brachte mich weiter. Dieser meinte, ich solle doch den Hund lehren, dass das Triebziel (Futter oder Spielzeug) am Geländeübergang liege. Und damit hatte er Recht. Es ist für den Hund einfach zu lernen, dass er auf dem Gelände, auf dem er startet, keine Bestätigung findet. Erst wenn er den Geländeübergang erreicht, ist etwas zu erwarten. Dabei muss er nicht links und rechts schauen, sondern so schnell wie möglich an den Geländeübergang gelangen. Hunde, die voller Spannung losrasen, rennen meistens auch geradeaus! Seither lege ich in der Aufbauphase den Futtertopf immer auf die Grenze Wiese-Acker, Wiese-Weg oder ans Ende des Übungsplatzes. Dadurch hat der Hund gar keinen Grund, zögernd von mir wegzurennen und nach links und rechts zu schauen, ob irgendwo irgendwas liegt. Auf das Kommando »Voran« gilt es für ihn den Platz so schnell wie möglich zu überqueren, denn erst am Ende findet er sein Futter.

Sobald der Hund fähig ist, Spannung in Ruhe aufzubauen, kann man mit dem Voran beginnen. Man manövriert den Hund in die Grundstellung und lässt ihn warten. Ein Trainingskollege rennt mit dem Futtertopf weg und legt ihn am Geländeübergang ab. Mit »Voran« schickt man den Hund aus der Grundstellung.

Es empfiehlt sich, für längere Zeit immer am gleichen Ort zu üben. Dadurch wird der Ablauf gefestigt und die Erwartung des Hundes immer größer. Die Distanz kann man nach zwei, drei Übungen auf über 50 Meter steigern; ist der Platz länger, nutzt man die volle Länge aus. Viele Trainingsstunden später kann man den Topf irgendwo anders deponieren, ohne dass der Hund ihn sieht. Es sollte dann aber jemand versteckt bereitstehen, um das Futter wegzunehmen, sollte der Hund wider Erwarten nicht zielstrebig nach vorne rasen.

Erst wenn diese Übung tadellos sitzt, ist das Übungsziel des Voran auf dieser zweiten Ebene erreicht.

Zusammenfassung:

Das Ziel der zweiten Ebene wird mit den Werkzeugen der ersten Ebene erarbeitet. Motivation mit Futter und Spannung in Ruhe benütze ich, um dem Hund konfliktfrei beizubringen, schnell und in gerader Linie über einen Übungsplatz oder über eine Wiese zu rennen.

Die dritte Trainingsebene

Übungsziele:

- Einen Schritt nach vorne, anhalten
- Abbau der Motivationshilfen
- Die Wendung an Ort
- Der Hundeführer lernt das Schrittschema für das Folgen frei

1
2
3
4

NUN IST ES AN DER ZEIT, dass der Hund lernt, die Spannung in die Bewegung mitzunehmen. Entscheidend dabei ist, dass seinerseits der Hundeführer lernt, die Motivationshilfen abzubauen, mit denen er den Hund in den ersten Schritt mitnimmt.
Wieso aber soll der Hundeführer nur einen Schritt gehen? Er könnte doch auch mehrere machen, die Konzentration dazu ist doch da? Sie erinnern sich bestimmt, dass wir es uns zur Aufgabe gemacht haben, den Hund nie zu überfordern. Aus Prinzip versuche ich, einem Hund eine Stellung möglichst lange und konfliktfrei beizubringen, wie wir das ja schon bei der Grundstellung praktiziert haben. Wenn der Hund das erste Mal mit einem Schritt dem Futter folgen soll, wird ihn das verwirren. Bevor sich die Verwirrung aber in Überforderung auswächst, bringe ich ihn in die vertraute Grundstellung. Die kennt er, in ihr fühlt er sich wohl, da ist die Welt in Ordnung. Rücksichtnahme ist der beste Weg, dem Hund etwas beizubringen, denn nur wenn das Team Hundeführer-Hund kleine Schritte macht, wird es in der Unterordnung weiterkommen. Wichtig für das Absolvieren der dritten Trainingsebene ist es allerdings, dass der Hundeführer seinem Hund die Hilfen gibt, die dieser braucht. Deshalb muss der Trockenübung Folgen frei, also ohne Hund, die nötige Beachtung geschenkt werden. Hierbei lernt der Hundeführer ein Schrittschema, das es ihm erlaubt, das Angehen, die Wendungen und das Anhalten ohne Hund immer auf die gleiche Art und Weise zu absolvieren. Gelingt ihm das nicht, wird er es mit dem Hund an seiner Seite nie schaffen. Der Hund kann nicht voraussehen, wann eine Wendung kommt, oder wann der Hundeführer anhält. Er findet damit in seinem Rudelführer nicht die Stütze, die er sucht.

Einen Schritt nach vorne, anhalten

Jetzt sind die Übungsziele der zweiten Ebene erreicht. Der Hund kennt die Grundstellung. Über Wochen hat er gelernt Spannung auf mich zu machen und lässt sich nicht mehr ablenken. Nun ist es an der Zeit, dass er lernt, die Spannung in die Bewegung mitzunehmen und zu halten. Es wird ihn völlig verwirren, wenn er mir den ersten Schritt folgen soll. Um die Verwirrung nicht in Überforderung ausarten zu lassen, belasse ich es bei einem Schritt. Man darf nie vergessen, dass in der Unterordnung hauptsächlich der Hundeführer ausgebildet wird. Ein Anfänger hat mehr als genug damit zu tun, die Übungsziele einen Schritt nach vorne und den Abbau der Hilfen zu bewältigen. Mehrere Schritte würden ihn auf dem jetzigen Ausbildungsstand total überfordern.
Wie schon oft geübt, stelle ich mich mit dem Hund in der Grundstellung vor dem Spiegel auf. In dieser Stellung fühlt sich mein Hund wohl. Er weiß, was er zu tun hat. In der linken Hand halte ich einen Futterbrocken und beobachte meinen Hund im Spiegel. Hält er konzentriert Spannung, gebe ich das Kommando »Fuß!«. Dann gehe ich mit dem rechten Bein einen schnellen, aber kurzen Schritt nach vorne. Gleich zu Beginn der Bewegung halte ich dem Hund die linke Hand vor die Nase und ziehe ihn in die Bewegung mit. Während ich das linke Bein etwas langsamer nachziehe, führe ich die Hand schnell nach oben, der Hund setzt sich wieder in die Grundstellung. Es folgt, als wenn nichts geschehen wäre, eine Konzentrationsphase.
Natürlich hatte mein Hund keine Ahnung, was das Kommando »Fuß« bedeuten soll. Mit Hilfe des Werkzeugs Motivation mit Futter war es mir aber möglich, ihn dorthin zu

Sobald der Hundeführer auf dem rechten Bein steht und das linke beginnt nachzuziehen ...

zieht er die Hand in die Höhe. Der Kopf des Hundes geht in die Höhe, die Hinterhand senkt sich. Er rutscht in die Grundposition.

Der Hund folgt konfliktfrei der Hand und dem sich bewegenden Hundeführer. Dem Futter zu folgen hat er gelernt. Es ist jetzt am Hundeführer, den Hund gezielt dorthin zu führen, wo er ihn haben will.

manövrieren, wo ich ihn haben wollte. Er hat die Spannung auf mich in der Grundstellung aufgebaut, ist dann dem Futter gefolgt und ehe er sich versah, habe ich ihn wieder in die Grundstellung gebracht, die ihm ja schon vertraut ist. So benutze ich eine bekannte Stellung am Anfang und am Schluss der Übung, um ihm etwas Neues beizubringen.

Obwohl wir vor dem Spiegel üben, sind wir in dieser Phase auf die Beobachtungen der Trainingsgruppe angewiesen. Aus der Gruppe sollte einer neben, ein anderer hinter dem Hundeführer stehen. Zieht der Hundeführer die Hand zu weit nach vorne, zu langsam nach oben, sitzt der Hund schräg oder ist der Schritt zu lang, dann muss dies sofort besprochen und korrigiert werden. Der Bewegungsablauf muss von Anfang an präzise und korrekt einstudiert werden.

Bei dieser Übung muss die Schrittlänge kurz sein. Der Hund darf dabei nicht ganz aufstehen. Er soll von Grundstellung zu Grundstellung nachrutschen. Dieses Hineinrutschen in die Sitzposition wurde beim Vorsitzen schon geübt. Auch hier soll der Hund lernen, in der Endphase des Anhaltens sofort wieder zu sitzen und nicht zuerst anzuhalten und dann erst das Hinterteil zu senken. Macht der Hundeführer nämlich einen zu großen Schritt, muss der Hund aufstehen; bevor er jedoch halbwegs steht, hält der Hundeführer wieder an. Da er die Hand vor der Nase hat, bleibt auch der Hund stehen und sitzt erst dann ab. So wird er nie lernen, blitzartig ins Sitzen zu

Gleichzeitig mit dem Kommando »Fuß!« kommt die Hand des Hundeführers mit einem Futterbrocken vor die Nase. Das Treiben kann beginnen und der Hund wird durch eine ihm unbekannte Übung geführt.

Sobald der Hundeführer auf dem rechten Bein steht und das linke beginnt nachzuziehen, zieht er die Hand in die Höhe. Der Kopf des Hundes geht in die Höhe, die Hinterhand senkt sich. Er rutscht in die Grundposition.

rutschen, sobald der Hundeführer das linke Bein für das Anhalten etwas langsamer anzieht. Der kurze Schritt und das schnelle Hochziehen der linken Hand hingegen lehren den Hund von Anfang an, die Sitzposition schnell einzunehmen.Nach einigen Übungsstunden sollte der Hundeführer den Schritt nach vorne und die Führung des Hundes gelernt haben. Der Hund war vielleicht die ersten paar Male etwas verwirrt, folgte dann aber dem Futter und nahm wieder die Sitzstellung ein. Sein Hundeführer hingegen hatte mehr zu tun: die richtige Schrittlänge beachten, den Hund führen, die Hand schnell nach oben bis zur richtigen Höhe ziehen, den Oberkörper gerade halten, nicht auf den Hund, sondern in den Spiegel schauen, und vieles andere mehr.

Zusammenfassung:

Auf der dritten Ebene will ich meinem Hund beibringen, mir einen Schritt weit aus einer Grundstellung in die nächste zu folgen. Die Grundstellung und die folgende Konzentrationsphase sind auf der zweiten Ebene mit Hilfe der Werkzeuge der ersten Ebene erarbeitet worden. Damit mir mein Hund konfliktfrei einen Schritt folgt und wieder die Grundstellung einnimmt, nutze ich erneut das Werkzeug Motivation mit Futter. Mit Futter führe ich meinen Hund und vermittle ihm einen neuen Lernschritt. Etwas Neues wird ohne Überforderung zwischen zwei bekannte Stellungen eingeschoben. Hier wird die Grundlage gelegt für das Folgen frei, das auf der nächsten, der vierten Ebene geübt wird.

Abbau der Motivationshilfen: Der Hund sitzt in korrekter Grundstellung.

Ohne die Hilfe mit der Hand folgt der Hund dem Hundeführer.

Die linke Hand geht vor die Schnauze und damit beginnt die Hilfe für das Einnehmen der korrekten Grundstellung.

Der Hund sitzt in korrekter Grundstellung.

Ohne die Hilfe mit der Hand folgt der Hund dem Hundeführer.

Ohne Hilfe mit der Hand zu geben, beginnt der Hundeführer das Anhalten einzuleiten. Das linke Bein wird etwas langsamer angezogen, der linke Arm geht zurück.

Der kleine Unterschied: Die obere Bildreihe zeigt die Übung »Einen Schritt nach vorne« mit wenig, die untere ohne Hilfen

Abbau der Motivationshilfen

Da die Prüfungsordnung verlangt, dass der Hund die Unterordnung ohne Hilfen des Hundeführers zeigt, folgt nun der entscheidende Teil der ganzen Übung, nämlich der Abbau der Hilfen mit der linken Hand. Jeder Hund wird sich an der linken Hand, die das Futter hält, orientieren, kein Hundeführer kommt also um den Abbau dieser Hilfe herum. Ich bin der Meinung, dass man nicht nach ein, zwei Trainingseinheiten schon damit beginnen sollte, nach dem Motto: »Je früher, umso geringer ist der Aufwand!« Diese Auffassung ist meines Erachtens falsch. Der Hund sollte Zeit haben, sich mit voller Hilfe an die Anforderungen des neuen Lernschrittes zu gewöhnen. Hund und Hundeführer sollen Gelegenheit haben, den Bewegungsablauf kennen zu lernen. Mit dem Abbau folgt zwangsläufig eine konfliktgeladene Phase; eine Phase, in welcher der Hundeführer auf das Äußerste gefordert wird. Man kann diesen Schritt nicht umgehen, aber wir sind es dem Hund schuldig, ihm zuerst ein solides Fundament zu geben. Erst dann

Der Kopf des Hundes geht in die Höhe, die Hinterhand senkt sich.

Die wohl vertraute Grundstellung ist wieder erreicht.

Der Hund rutscht ohne Hilfe in die Grundposition. Der Hilfeabbau ist geschafft!

Der Hund sitzt in korrekter Grundstellung. Man darf nie vergessen, auch diese zu bestätigen. Vor allem zu Beginn dieser Übung ist es sehr wichtig, wieder eine Konzentrationsphase einzuschalten.

kann er verarbeiten, dass die Hilfen abgebaut werden. Im anderen Fall wartet unser Feind, die Überforderung, nur darauf, den Niedergang der Ausbildung einzuläuten.

Wenn ich mit dem Abbau beginne, leite ich nach dem Kommando »Fuß!« den Bewegungsablauf ein: Ich bewege das rechte Bein vor, führe aber die linke Hand nicht sofort vor die Nase des Hundes. Habe ich Glück, folgt der Hund meiner Bewegung. Sowie er nachzurutschen beginnt, lobe ich ihn, ziehe erst dann blitzartig die Hand nach vorne und beende die Übung, indem ich den Hund in die Grundstellung bringe. Habe ich Pech, bleibt der Hund sitzen und wartet auf meine linke Hand.

Nun beginnt das große Spiel: Wie bringe ich meinen Hund dazu, meiner Körperbewegung zu folgen?

Der Schritt nach vorne mit voller Hilfe verlief bisher nach dem Kochbuchrezept: »Man nehme einen Hund, der sich mit Futter motivieren lässt und die Grundstellung kennt, bringe dem Hundeführer den richtigen Bewe-

gungsablauf bei, und der Hund folgt dem Futter von Grundstellung zu Grundstellung!«
Für den folgenden Hilfeabbau gibt es aber kein Kochbuchrezept. Der Hundeführer muss lernen, je nach Situation zu reagieren und das ganze Repertoire der Kommunikation auszuschöpfen. Leitet er die Bewegung ein, und bewegt sich der Hund nur minimal, muss er ihn sofort loben und ihm damit zu verstehen geben, dass er genau das vom Hund will. Gleichzeitig kommt die linke Hand und zieht den Hund in die Grundstellung. Wann und wie viel Lob, und in welchem Moment die Hand kommt, muss der Hundeführer in Bruchteilen von Sekunden entscheiden. Kein Übungsleiter, niemand kann ihm sagen: »Jetzt muss du dies oder das machen.« Die Trainingsgruppe kann beobachten, man kann Fehler besprechen, man kann die Übung wiederholen, aber im alles entscheidenden Moment ist jeder Hundeführer auf sich selbst gestellt.
Bei der Ausbildung von Anfängern habe ich immer wieder beobachtet, dass sich in diesem Moment zeigt, welcher Hundeführer es im ersten Lebensjahr seines Hundes geschafft hat, mit ihm eine Verständigungsbasis herzustellen. Bringt es ein Hundeführer fertig, einem Hund in seinem ersten Lebensjahr zu vermitteln, was er von ihm will und was nicht, wird er den Hilfeabbau problemlos schaffen. Dieser Hundeführer hat gelernt, schnell zu reagieren, unerwünschte Handlungen verbal zu unterbinden, erwünschtes Verhalten sofort zu bestätigen. Die Kommunikation wurde schon früh eingespielt, jetzt kann er die Früchte im Hundesport ernten.
Es lohnt sich, einige Schritte mit voller, dann einige mit etwas reduzierter Hilfe zu gehen. Sieht man, dass der Hund zu begreifen beginnt, was von ihm verlangt wird, baut man die Hilfe immer mehr ab, das verbale Lob kann ausbleiben. Geht es an einem Trainingstag plötzlich schlechter, gibt man sofort wieder mehr Hilfen, lobt und hilft seinem Hund über das Problem hinweg.
Früher oder später, mit viel Geduld, sollte es jedes Team schaffen, dass der Hund den Bewegungen des Hundeführers folgt und dann selbstständig wieder in die Grundposition rutscht. Es erfordert viel Arbeit, aber hierbei lernt der Hundeführer etwas Entscheidendes für den Hundesport: den Abbau der Motivationshilfen. Die ganze Ausbildung über wird er diesem Problem begegnen. Er bringt seinem Hund mit Motivationshilfen etwas bei, um diese dann wieder abzubauen, wenn der Hund die Bewegungsabläufe intus hat.

Zusammenfassung:

Die Motivationshilfe Futter setze ich ein, um den Hund an einen neuen Lernschritt heranzuführen. Die Prüfungsordnung verlangt aber, dass der Hund die Unterordnung ohne Hilfen des Hundeführers zeigt. Es bleibt uns also nichts anderes übrig, als die am Anfang gegebenen Hilfen wieder abzubauen. Bisher erfolgte die Ausbildung nach dem Kochbuchprinzip. Für den Hilfeabbau jedoch muss jeder Hundeführer seinem eigenen Gefühl vertrauen, muss Entscheidungen in Bruchteilen von Sekunden treffen und sie seinem Hund vermitteln. Da hilft keine Anleitung, hier wird Hundesport zur nur teilweise lernbaren Gefühlssache.
Der Hilfeabbau geht umso schneller, je besser der Hundeführer im ersten Lebensjahr seines Hundes gelernt hat, mit diesem zu kommunizieren. Kommt der Hund mit dem Hilfeabbau zurecht, dann ist der erste Schritt »weg von der Belohnung und hin zur Zusammenarbeit aus Freude« getan. Obwohl wir mit unserem Hund bisher nur einen einzigen Schritt meistern, ist es doch ein Riesenschritt auf unserem Weg zu einer freudigen Unterordnung.

Wendungen an Ort

Die Wendungen an Ort sind ein weiterer, kleiner Schritt in der Vorbereitung für das Folgen frei. In der Grundstellung hat sich der Hund gewöhnt, uns immer von der gleichen Seite anzuschauen. Nun hoffen wir, dass er diese Ansicht unseres Oberkörpers auch im Folgen frei suchen wird. Mit dem Schritt nach vorne ist die Grundlage dafür gelegt worden. Über die ganze Übung Folgen frei wird sich der Hund an der Bewegung des Oberkörpers orientieren, auch in der Wendung. Deshalb machen wir ihn jetzt mit der Wendung an Ort bekannt.

Ich lasse mir und dem Hund Zeit mit dieser Übung, bis der Schritt nach vorne ohne Hilfe gemeistert wird. Dann beginne ich mit 90°-Wendungen nach rechts, später folgen 180°-Wendungen. Die Wendung nach links übe ich bewusst erst später ein. Ich stelle mich mit dem Hund in der Grundstellung auf und beobachte mein Tier im Spiegel. Macht er eine gute Spannung, gebe ich das Kommando, lasse meine Füße für einen kurzen Moment unbewegt und drehe den Oberkörper ein wenig nach rechts. Dann führe ich die linke Hand mit dem Futter vor die Nase des Hundes und drehe gleichzeitig die Füße an Ort und Stelle um 90° und ziehe dabei den Hund mit. Im richtigen Moment hebe ich meine Hand hoch und bringe den Hund wieder in die Grundstellung. Auch hierbei ist es wichtig, dass der Hund um den Hundeführer herumrutscht und nicht aufsteht und sich wieder hinsetzt. Deshalb darf man keinen Ausfallschritt nach rechts machen. Die Füße bleiben bei der Drehung am Ort. Ziel der Übung ist es, dem Hund klar zu machen, dass wenn sich der Oberkörper dreht, nicht in Marschrichtung weitergegangen wird, sondern eine Wendung folgt. Da der Hund das Abbauen der Hilfen schon kennt, kann man nach den ersten Versuchen diesmal vergleichsweise früh damit beginnen. Mit der Wendung dreht sich der Hundeführer weg vom hilfreichen Spiegel. Auf diesem Stand der Ausbildung sollte der Hundeführer aber gelernt haben, sich auf seine Trainingsgruppe zu verlassen. Er darf auf keinen Fall in und nach der Wendung den Oberkörper dem Hund zuwenden.

1

Der Hund sitzt in korrekter Grundstellung.

2

Mit dem Kommando dreht der Hundeführer den Oberkörper leicht nach rechts und zieht den Kopf des Hundes vor seinen Körper.

Wendungen an Ort:

5

Der Hundeführer steht, der Hund sitzt …

Der Hundeführer dreht sich und zieht mit dem Futter den Hund mit sich.

Der Hundeführer hat die Grundstellung fast erreicht und zieht den Kopf des Hundes nach oben.

... die korrekte Grundstellung ist erreicht. Unbedingt jetzt nochmals die Grundstellung mit Futter bestätigen, erst dann wird gespielt.

Das Schrittschema für das Folgen frei

Ein perfekt vorgeführtes Folgen frei ist eine wunderschön anzusehende Übung. Der Hund orientiert sich am harmonischen Bewegungsablauf des Hundeführers, folgt ihm blitzartig in die Wendungen und nimmt schnell und korrekt die Grundstellung ein. Dieses Niveau des Folgen frei kann nur erreichen, wer seinem Hund von Anfang an eine klare Orientierung gibt. Das Angehen, die Schrittfolgen vor, in und nach den Wendungen müssen immer gleich sein. Damit werden die Wendungen und das Anhalten für den Hund voraussehbar.

Wer diese Voraussehbarkeit bezweifelt, sollte folgendes Experiment machen. Man stelle sich wie für die Grundstellung auf, und ein Trainingskollege nimmt die Stelle des Hundes ein. Der Hundeführer gibt das Kommando »Fuß!« und marschiert los.

Wendung »rechtsum«:

Letzter Schritt vor der Wendung. Das linke Bein ist vorne, die Schultern sind gerade.

Wendung »rechtsum kehrt«:

Letzter Schritt vor der Wendung. Das linke Bein ist vorne, die Schultern sind gerade.

Wendung »linksum«:

Im Gegensatz zu allen anderen Wendungen, bleibt der Hund im Linksum auf der Innenbahn. Diese Wendung kann sehr schnell vollzogen werden und ich leite sie mit dem linken Bein ein. Der letzte Schritt vor der Wendung, das recht Bein ist vorne.

Wendung »linksum kehrt«:

Letzter Schritt vor der Wendung, das linke Bein ist vorne.
Damit der Hund diese Übung nicht mit der Linksum-Wendung verwechselt ...

Die Wendung wird mit dem rechten Bein eingeleitet, der Fuß in der bisherigen Marschrichtung nach rechts abgewinkelt, die linke Schulter dreht damit nach rechts ein.

Das linke Bein folgt nach und wird neben oder wenig vor das rechte gestellt. Der Hund hat auf der Außenbahn Zeit die Wendung zu vollenden. Weiter geht es mit normaler Schrittlänge.

Die Wendung wird mit dem rechten Bein eingeleitet, der Fuß in der bisherigen Marschrichtung nach rechts abgewinkelt, die linke Schulter dreht damit nach rechts ein.

Für einen großen und schnellen Hund kann der linke Fuß wie auf dem Bild vor den rechten gestellt werden, sonst empfiehlt es sich, den linken Fuß neben den rechten zu stellen.

Mit dem rechten Bein wird wieder die neue Marschrichtung eingenommen.

Mit dem linken Bein wird die Wendung eingeleitet, der linke Fuß in Marschrichtung nach links angewinkelt, die rechte Schulter geht nach vorne. Vom Bewegungsablauf und der Stellung ein klarer Unterschied zur Linksumkehrt-Wendung.

Da der Hund auf der Innenbahn einen deutlich kürzeren Weg nehmen muss, verlasse ich die Wendung sofort mit voller Schrittlänge.

... leite ich auch diese Wendung mit dem rechten Bein ein, der Fuß wird in Marschrichtung angewinkelt vor dem linken abgestellt. Die rechte Schulter dreht nach links, der rechte Fuß zeigt nach links.

Die Wendung wird durch das Drehen des Oberkörpers beendet, der linke Fuß ist in Marschrichtung abgestellt.

Mit dem rechten Bein wird der Bewegungsablauf wieder aufgenommen.

Irgendwann hält er wie in der Unterordnung an, ohne verbales Kommando und ohne zu zögern. Der Trainingskollege, der den Part des Hundes übernommen hat, soll wie der Hund das Anhalten »seines Hundeführers« erleben und versuchen, zeitgleich mit ihm anzuhalten.

Die ersten zwei, drei Mal wird der »Hund« völlig überrascht werden und noch ein, zwei Schritte weiter laufen, bevor er reagiert und anhält. Hat der Hundeführer einen harmonischen Bewegungsablauf und hält er immer gleich an, wird sich sein »Hund« mit jedem Versuch verbessern. Spätestens nach vier-, fünfmaliger Wiederholung spürt er das Anhalten im Voraus und hält auf gleicher Höhe mit dem Hundeführer an. Dabei erlebt der »Hund«, was für ein hohes Maß an Konzentration es dazu braucht. Nur hat das noch kein Vierbeiner seinem Hundeführer mitteilen können!

Im Gegensatz zu unseren Hunden, ist bei uns das Bewusstsein für die Körpersprache nicht stark ausgeprägt. Jeder, der diese Übung macht, ist erstaunt, dass er das Anhalten voraussieht, dass er spürt, dass es kommt. Das ist für mich der Beweis, dass unsere Körperhaltung und unser Bewegungsablauf für unseren Vierbeiner die entscheidende Orientierungshilfe beim Folgen frei sind.

Bevor man mit dem Hund das Folgen frei übt, sollte jeder Hundeführer das Schema, das auf der ersten Prüfungsstufe verlangt wird, ohne seinen Hund fehlerfrei beherrschen. Welche Wendung kommt wann? Wo wird angehalten? Wie ist die Schrittfolge in den Wendungen? Es gibt keine allgemein gültige, absolut richtige Schrittfolge, die eine saubere Wendung garantiert. Jeder soll sie so machen, wie sie ihm liegt. Aber, und das ist absolut wichtig, er soll sie immer gleich machen. Der ganze Ablauf muss so lange geübt werden, bis er automatisiert, ohne nachzudenken, ohne zu zögern abgespult werden kann. Wer das ohne Hund nicht fertig bringt, schafft es mit Hund garantiert nicht. Wer irgendwie über den Platz stolpert, einmal so, und dann anders die Wendung einleitet, ist für seinen Hund keine Stütze. Er führt seinen Hund nicht und gibt ihm die Chance des Voraussehens nicht.

Ich selber leite alle Wendungen, außer das Linksum, mit dem rechten Bein ein. Geht das rechte Bein nach vorne, geht die linke Schulter mit. Dreht das rechte Bein, drehen die linke Schulter und damit der Oberkörper harmonisch in die Wendung. Der Hund orientiert sich am Oberkörper und macht die Bewegung mit. Für mich stimmt dieser Bewegungsablauf, es ist mein System, es passt mir. Ich kann mich problemlos an mein Schema halten. Aber: Jeder soll sein eigenes Schema finden. Noch einige Gedanken zum Angehen und Anhalten. Beim Angehen bewege ich zuerst das rechte Bein. Damit erhält der Hund die Gelegenheit, sich zu erheben und dann mit meinem linken Bein mitzukommen. Gemäß Prüfungsordnung soll er mit der Schulter auf Kniehöhe des Hundeführers sein. Starte ich wie beschrieben, sieht der Anfang optisch besser aus.

Hält man nun auf dem rechten Bein an und zieht das linke nach oder umgekehrt? Ich habe schon die tollsten Dispute darüber gehört. Nimmt der Hund die Grundstellung perfekt ein, sitzt er mit der Schulter auf Kniehöhe des Hundeführers, so ist es doch völlig egal, auf welchem Bein der Hundeführer anhält und welches er nachzieht. Der Erfolg ist wichtig. Ich persönlich halte auf dem rechten Bein an und ziehe das linke nach. Mir scheint es, dass die linke Körperhälfte dem Hund besser zur Orientierung dient. Halte ich auf dem rechten Bein an und ziehe das linke unmerklich langsamer an, spürt das der Hund unmittelbar. Das sind natürlich meine Überlegungen, meinen Hund konnte ich zu seinem Empfinden der Situation leider noch nicht befragen.

Beim Übungsteil Einen Schritt nach vorne, auf der dritten Ebene, habe ich den kurzen Schritt nach vorne mit dem rechten Bein begonnen. Ich wollte aus erwähnten Gründen nicht, dass mein Hund vollständig aufsteht, also waren zwei Schritte und das Anhalten auf dem linken Bein nicht drin. Der Hund lernt von Anfang an diesen Bewegungsablauf, wieso soll ich das später ändern? Halte ich später nach einigen Schritten auf dem rechten Bein an, sind in diesem Moment die linke Schulter und der linke Arm vorne. Beim Anziehen des linken Beines geht der Arm völlig harmonisch nach hinten. In der Aufbauphase des Folgen frei habe ich damit die Möglichkeit, ganz elegant und dem Bewegungsablauf entsprechend, dem Hund mit der linken Hand eine Hilfe für das Sitzen zu geben. Ich halte also aus rein ausbildungstechnischen Gründen, die sich aus dem Aufbau ergeben, auf dem rechten Bein an und ziehe das linke nach, nicht aus irgendwelchen tieferen, psychologischen Überlegungen.

Zusammenfassung:

Das Einüben des Bewegungsablaufs für das Folgen frei ohne Hund soll helfen, die Überforderung von Hund und Hundeführer zu vermeiden. Der Hund orientiert sich am Bewegungsablauf seines Hundeführers, dieser ist ihm Stütze und Führer. Diese Aufgabe kann aber nur erfüllen, wer weiß, wie schnell und wie weit er zu gehen hat, wie er Wendungen einleitet und wie er anhält. Wer das ohne Hund nicht kann, wird es mit Hund sicher nicht können. Wo bleibt dann die Führerfunktion

Die vierte Trainingsebene

Übungsziele:

- Folgen frei, die ersten Schritte
- Das Halten des Apportiergegenstandes
- Das Setzen, Legen

1
2
3
4

Das Setzen, Legen ist eine einfache Übung. Es verleitet, sehr früh damit anzufangen. Nur hat der Hundeführer dann noch keine Ahnung vom Abbau der Motivationshilfen und das Team ist noch nicht eingespielt. Daher ist es besser, das Erlernen dieses Arbeitsschrittes auf später zu verschieben. Für das Folgen frei und das Apportieren wird man genug Zeit brauchen. Sind auch diese Übungsziele erreicht, steht der Weg für die erste Prüfung offen. Alle anderen Arbeitsschritte der Unterordnung können jetzt problemlos erarbeitet werden. Die solide Grundlage dafür konnte ohne Überforderung des Hundeführers gelernt werden und damit bleibt die Arbeitsfreude des Hundes erhalten.

FOLGEN FREI

»Der Hund muss seinem Hundeführer in jeder Gangart und Richtung willig und freudig so folgen, dass er sich mit der rechten Schulter dauernd dicht neben seinem Hundeführer auf der Höhe des linken Knies befindet. Beide Arme sind zwanglos zu bewegen.«

Auszug aus der Prüfungsordnung der SKG

Folgen frei, die ersten Schritte

Alle Vorübungen für das Folgen frei sind auf der dritten Ebene erarbeitet worden. Jetzt, auf der vierten Ebene, kann sich der Hundeführer dem Folgen frei selber zuwenden. Jetzt wird nicht mehr das Nachrutschen von Schritt zu Schritt vom Hund verlangt, nun soll er dem Hundeführer folgen. Um dieses verwirrend Neue nicht in Überforderung ausarten zu lassen, begnüge ich mich am Anfang mit drei Schritten. Kaum ist der Hund aufgestanden und mir gefolgt, halte ich an und bringe ihn in die Grundstellung. Es ist die gleiche Bewegung der Hand, die ich auf der dritten Ebene gelernt habe, mit der ich den Hund zum Sitzen bringe. Anschließend wird gespielt und dann beginnt das Ganze von vorne. Nach wenigen Sequenzen lasse ich diese Übung für den ersten Tag bleiben, die erste Bekanntschaft mit dem Folgen frei ist gemacht.

Für jeden Hundeführer sind die ersten Schritte mit seinem Hund eine aufregende Sache. Langsam baue ich die Übung aus, von drei auf fünf Schritte. Es besteht aber kein Grund, wenn jetzt Dynamik in den Ablauf kommt, den Oberkörper zu wenden und zu beobachten, ob und wie der Hund folgt. Das ist Sache der Trainingsgruppe. Der Hundeführer marschiert seine ersten Schritte los, und zwar zügig. Zögerliche Bewegungen lassen die Spannung beim Hund sofort sinken, nur Dynamik hält ihn aufmerksam. Das gilt auch für später, der Bewegungsablauf des Hundeführers soll energisch und zielgerichtet nach vorne sein. Daran wird sich der Hund orientieren und seine in der Grundstellung aufgebaute Spannung problemlos halten.

Das Wichtigste, das auf der vierten Ebene im Folgen frei erarbeitet werden muss, ist die Haltung der Arme und des Oberkörpers. Dafür gibt es kein allgemein gültiges Rezept. Jeder Hundeführer muss für sich die richtige Haltung finden. Der eine wird die Arme hängen lassen, der andere muss sie anwinkeln. Entscheidend ist, dass sich der Hundeführer wohl fühlt und die Haltung für den Hund stimmt. Er soll seinem Hundeführer mit der Schulter auf Höhe des Knies folgen können, die seitliche Distanz zum Hundeführer soll

Folgen frei, die ersten Schritte: Der Hund sitzt neben seinem Hundeführer in der Grundstellung.

Nach dem Kommando marschiert der Hundeführer an, ...

dabei nicht zu groß sein. Wieder ist der Hundeführer ganz auf die Trainingsgruppe angewiesen. Nur über die Beobachtung der Kollegen wird es für den Hundeführer möglich, die für seinen Hund optimale Haltung einzunehmen.

Ist einmal eine Erfolg versprechende Haltung gefunden, muss der Hundeführer Konstanz und Spannung in seine Bewegung bringen. Die Arme sollen immer gleich bewegt werden, die Spannung soll bis in die Fingerspitzen gehen. Spannung und Konstanz der Bewegung werden für den Hund zum Anhaltspunkt, er wird seine Bewegung derjenigen des Hundeführers anpassen.

Ich kann nicht genug betonen, dass es die Haltung des Hundeführers, sein Tempo der Bewegung sowie seine ausgestrahlte Spannung sind, die den Hund die richtige Stellung neben dem Hundeführer sowie einen angenehmen Bewegungsablauf finden lassen.

Daran ist auf der vierten Ebene zu arbeiten. Der Hundeführer hat an sich zu arbeiten und nicht zu versuchen, durch Zug an Lendenleinen oder Reißen am Halsband seinen Hund in eine Stellung zu zwingen, welche diesem nicht zusagen kann.

Ein leicht schräges Laufen oder ein etwas zu großer Abstand zum Hundeführer sind am Anfang zu vernachlässigen. Das Gesamtbild ist entscheidend, es soll Erfolg versprechend aussehen. An den Details kann später gearbeitet werden, oder sie verlieren sich mit zunehmender Routine von selbst.

... und es geht dynamisch vorwärts.

Zum Anhalten erhält der Hund die volle Hilfe mit der Hand, ...

Zusammenfassung:

Alle grundlegenden Elemente für das Folgen frei sind auf den vorangehenden Ebenen erlernt worden. Auf der ersten Ebene lernt der Hundeführer seinen Hund zu motivieren. Das benutzt er, um auf der zweiten Ebene zu lernen, den Hund in die Grundstellung zu manövrieren und dann die Konzentrationsphase aufzubauen. Das sind dann die Fundamente, um auf der dritten Ebene einen Schritt nach vorne zu machen und die Wendungen an Ort einzuüben. Ebenso kann ich mir nicht vorstellen, dass man das Folgen frei dem Hund beibringen kann, ohne die Schrittfolgen ohne Hund geübt zu haben. Schritt für Schritt wurden so die Grundlagen, logisch aufeinander aufbauend, erlernt. Jetzt folgt die Zusammenfassung zum Lernschritt des Folgen frei. Dem lauernden Feind, nämlich der Überforderung, konnten wir durch diesen Aufbau ein Schnippchen schlagen.

... und das Team ist wieder in der Grundstellung.

Das Halten des Apportiergegenstandes

Für mich ist das Apportieren eine der komplexesten Arbeiten, die wir unseren Hunden beibringen. Wie viele Fehler gemacht werden können, sieht man am besten bei Prüfungen. Wie oft kann man Retriever beobachten, denen das in den Genen liegende Apportieren von den Hundeführern abgewöhnt wurde.

Das Vorsitzen und wie ich dem Hund das Halten des Gegenstandes beibringe, sind die entscheidenden Punkte für ein konfliktfrei vorgeführtes Apportieren. Wie wird es normalerweise gemacht? Der Hund wird hingesetzt, der Hundeführer baut sich vor dem Hund auf, gibt oder drückt ihm den Gegenstand in den Fang und wartet bis der Hund ihn ruhig hält. Dabei starrt er den Hund an und wiederholt, dabei immer nervöser werdend:»Ruhig halten! Ruhig halten!« Ist der Hundeführer noch von der ganz ungeschickten Sorte, wird er seinem Hund den Fang zudrücken.

Und wie sieht das aus der Sicht des Hundes aus? Was im Hund abläuft, wenn wir uns vor ihm aufbauen, kann unter Vorsitzen auf Seite 60 nachgeschlagen werden. Dazu kommt noch, dass der Chef so ein unförmiges Ding, den Apportiergegenstand, hervornimmt, dann das unverständliche Wort »Apport!« ausspricht und zudem ganz offensichtlich sehr gespannt bis aufgeregt ist. Das wäre schon Druck und Konflikt genug zum Davonrennen, nein, jetzt wird das Ding in den Fang gestopft und da gelassen. Der Hund hat keine Ahnung, was er damit anfangen soll. Als Übersprungshandlung beginnt er zu knautschen. Das gefällt dem Chef nicht. Aber was diesem eigentlich gefällt, kann der Hund nicht wissen. Dazu werden immer irgendwelche für ihn unbekannte Worte gesprochen, und der Chef wird immer nervöser. Weil der Hund schließlich überhaupt nicht mehr weiß, was er eigentlich soll, kann er nichts mehr aufnehmen. Dann kommt endlich das Ding aus dem Fang und weil es so schön war, wird die ganze Übung wiederholt. Von psychischem Gleichgewicht und Wohlbefinden ist bei dieser Vorgehensweise keine Rede.

Bevor der Hund nicht perfekt, konfliktfrei und somit freudig vorsitzt, hat das Apportieren im Ausbildungsprogramm nichts verloren. Für mich beginnt das Apportieren mit dem Vorsitzen, also der Schlussstellung. Erst damit ist die elementarste Voraussetzung für eine neue Übung, das Halten des Gegenstandes vor dem Hundeführer, erfüllt. Deshalb baue ich das Vorsitzen langsam und vorsichtig schon auf der zweiten Ebene auf. Bevor der Hund den Gegenstand das erste Mal sieht, soll er die Schlussstellung des Apportierens genau kennen.

Damit der Gegenstand auch ruhig gehalten wird, muss man sich zwei Tatsachen vor Augen halten, nämlich je dicker und weicher der Gegenstand und je gespannter der Hund ist, um so ruhiger hält er. Also besorge ich mir zuerst einen Apportiergegenstand mit möglichst dickem Steg und umwickle diesen mit Teppich oder Kletterseil. Die Spannung im Hund habe ich durch alle vorgehenden Übungen aufgebaut. Auch im Vorsitzen ist der Hund gespannt auf die Futterbrocken, die ihm aus meinem Mund zufliegen. Diese bekannte Stellung nütze ich aus, hole den Apportiergegenstand hervor und halte ihn vor seinen Fang. Der Hund wird mich weiter anstarren und ich füttere weiter.

Man muss sich vor Augen halten, dass sich eine Beute immer vom Hund weg bewegt.

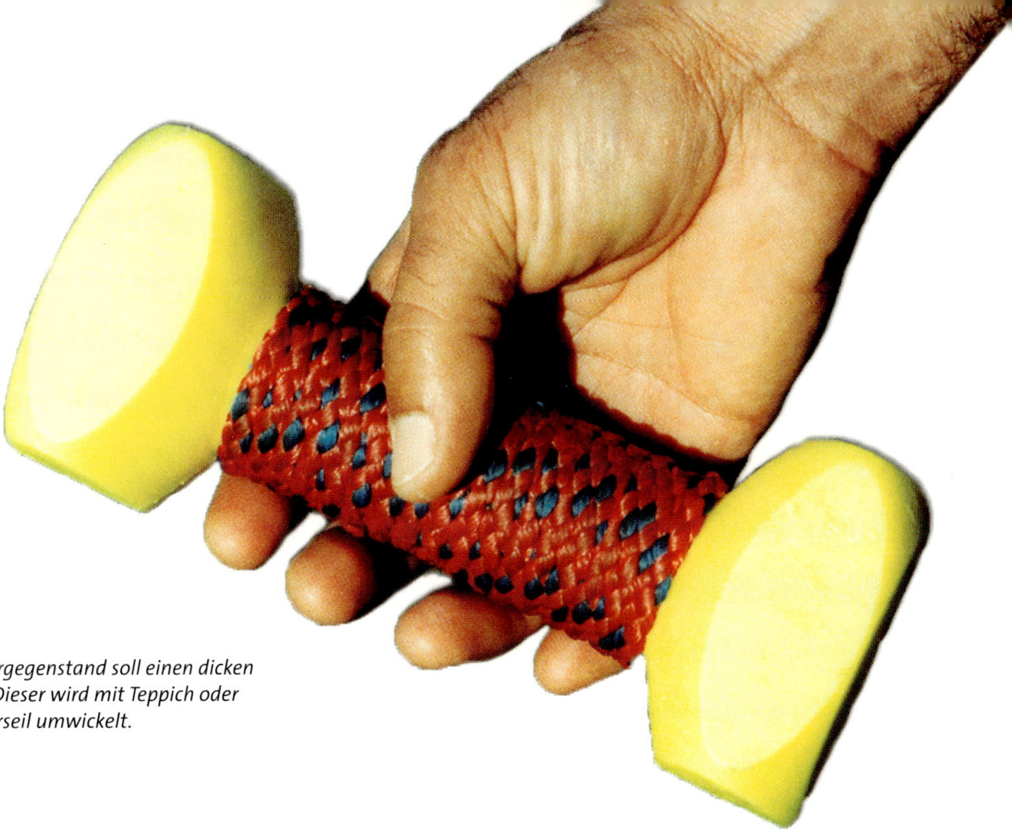

Der Apportiergegenstand soll einen dicken Steg haben. Dieser wird mit Teppich oder einem Kletterseil umwickelt.

Deshalb ziehe ich auf das Kommando »Apport!« den Gegenstand ruckartig nach oben, aber nicht zu weit vom Hund weg. Mit großer Wahrscheinlichkeit wird der Hund aus seiner freudigen Stimmung und der vorhandenen Spannung jetzt den Gegenstand in den Fang nehmen. Nun kommt der wichtigste Teil: Die Spannung im Hund auf das Futter muss aufrecht erhalten werden. So wie ein Schritt zwischen zwei Konzentrationsübungen dem Hund keine Zeit lässt, die Spannung zu verlieren, so soll es mit dem Halten sein. Am Anfang soll er den Gegenstand allerdings gar nicht halten, sondern ihn aus der Spannung heraus »in den Fang nehmen«. Sowie der Hund den Gegenstand in den Fang nimmt, nehme ich ihm den Gegenstand mit dem Kommando »Aus!« weg und füttere weiter. Ich beabsichtige also nur ein minimales Unterbrechen der bekannten und freudig ausgeführten Übung Vorsitzen. Damit hat der Hund auch gar keinen Grund und vor allem keine Zeit, Übersprungshandlungen wie das Knautschen auszuführen. Ich habe ihn nicht in eine völlig neue, konfliktträchtige Situationen gebracht, sondern nur einer bekannten Stellung für einen kurzen Augenblick ein neues Element hinzugefügt. Die Erwartungshaltung auf das Futter wurde dabei durch das Halten nur für einen Moment unterbrochen. Allmählich verlängere ich die Zeit bis zum Herausnehmen des Gegenstandes, zuerst auf einige Sekunden, dann werden es immer mehr. Aber das Füttern bleibt der zentrale Bestandteil der Übung. So wird langsam aus dem Vorsitzen ein Vorsitzen und Halten, ohne dass ich den Hund dabei in einen Konflikt bringe. Unverkrampft lernt er so den komischen Gegenstand zu halten. Da dieser dick und angenehm weich und der Hund zudem in qualitativ guter Spannung ist, wird er ihn auch ruhig halten.

Der Hund wird im Vorsitzen gefüttert.

Der Gegenstand kommt hoch, der Hundeführer füttert weiter.

Jetzt wird es wieder Zeit, eine vertraute Übung mit etwas Neuem zusammenzufügen. Aus dem Halten des Apportiergegenstandes kombiniert mit dem Abrufen ins Vorsitzen soll ein schnelles Bringen werden. Genau wie das Abrufen wird auch das Bringen geübt. Ich bringe den Hund ins korrekte Vorsitzen, lassen ihn den Gegenstand halten, nehme ihm diesen mehrmals aus dem Fang und lasse ihn den Gegenstand wieder halten. Dann lasse ich den Hund warten und mache einen Schritt rückwärts, warte einen Moment und rufe den Hund dann ab. Der eine wird sofort nachrutschen, der andere braucht noch etwas Hilfe mit den Händen. Auch der eine oder andere Hundeführer braucht an dieser Stelle etwas Hilfe. Die Trainingsgruppe sollte ihn daher gut beobachten, die meisten Hundeführer neigen hier zu Verkrampfungen, zögerlichen Bewegungen und sind voller Angst, der Hund könne etwas falsch machen.
Offenbar ist nicht nur für mich das Apportieren etwas Komplexes, auch andere bringen Unbehagen auf den Platz. Teilt man die Übung in kleine Schritte auf, geht von bekannten Stellungen aus und nimmt nur schrittweise Neues hinzu, kann eigentlich nicht viel schief gehen. Passiert ein Fehler, betrifft das nur einen kleinen Teil der Übung. Daher besteht kein Grund, den Hund durch komische, zögernde Bewegungen zu hemmen.
Klappt das Nachrutschen mit dem Gegenstand über einen Schritt, mache ich den gleichen Aufbau wie mit dem Vorsitzen. Ich lasse den Hund mit dem Gegenstand warten, entferne mich eine größere Strecke und rufe den Hund mit dem Gegenstand ab. Falls nötig, werden die gleichen Hilfen wie für ein korrektes Vorsitzen gegeben. Mit der Zeit wird der Hund mit dem Gegenstand auch über eine größere Distanz schnell in die vertraute Vorsitzstellung kommen. Da er erwartet, gefüttert zu werden, wird er diese Stellung aufsuchen.

Durch einen kleinen Ruck, weg vom Hund, wird dieser veranlasst nach dem Gegenstand zu schnappen.

Nur für eine oder zwei Sekunden wird der Gegenstand im Fang belassen, …

5 *… dann sofort herausgenommen und der Hundeführer füttert weiter. Das Vorsitzen wurde für einen Moment durch das In-den-Fang-Nehmen unterbrochen.*

1

Der Hund hält den Gegenstand.

2

Der Hundeführer entfernt sich einen Schritt. Im Bild ist die Distanz auch für einen großen Hund am oberen Limit. Für kleinere Hunde muss sich der Hundeführer deutlich weniger weit entfernen.

Zusammenfassung:

Das Apportieren ist das Paradebeispiel, wie man eine Übung von der Schlussstellung her zu dem in der Prüfungsordnung verlangten Anfang hin aufbauen kann.

Auf der zweiten Ebene wurde das Vorsitzen erlernt, jetzt füge ich diesem Übungsteil noch das Halten des Gegenstandes zu. Was der Hund mit dem Gegenstand soll, das weiß er nicht. Das erste In-den-Fang-Nehmen soll eine kurze Unterbrechung der Erwartungshaltung auf das Futter sein. Bevor die Überforderung zuschlägt, bringe ich den Hund wieder in ein bekanntes Verhaltensmuster: Ich nehme ihm den Gegenstand wieder aus dem Fang und füttere ihn weiter. Erst später wird das In-den-Fang-Nehmen zu einem Halten, das Halten zu einem Bringen.

3

Der Hundeführer ruft seinen Hund ab, dieser rutscht in das Vorsitzen nach.

4

Der Hund hält den Apportiergegenstand ruhig, seine Konzentration gilt dem in Aussicht stehenden Füttern.

5

Sofort nach dem Abnehmen des Gegenstandes beginnt der Hundeführer zu füttern. Der Hund hat sein Triebziel erreicht.

Der Hundeführer stellt sich im rechten Winkel neben den sitzenden Hund.

Der Hundeführer zieht seinen Hund mit dem Futter in der Hand und der starken Oberkörperbewegung in die gewünschte Platz-Position. Wichtig ist, dass das Kommando gegeben wird, bevor die Bewegung beginnt.

In dieser Position wird der Hund gefüttert.

4

Der Hundeführer fordert seinen Hund auf, liegen zu bleiben, stellt sich neben seinen Hund und hält die Hand in die richtige Höhe.

5

Der Hund schnellt in die Grundstellung. Auf die Höhe der Hand konnte er sich einstellen, die korrekte Position wird ohne Umweg eingenommen.

Setzen, Legen

Eigentlich ist das Platz-Sitz für einen motivierbaren Hund eine einfach Übung. Er wird aus der Sitzposition mit Futter und einer schnellen Bewegung ins Platz gezogen, dann kurz liegen gelassen. Nun führt man das Ganze in umgekehrter Richtung ins Sitzen fort.

Die Übung ist einfach, der Anfänger sieht schnell einen Erfolg, freut sich, übt gerne und viel. Und doch sieht man an den Prüfungen selten, dass diese Arbeit schnell und korrekt ausgeführt wird. Ich habe mich lange gefragt, woran das liegen kann. Heute bin ich überzeugt, dass ganz einfach viel zu früh mit dieser Übung angefangen wird. Der Anfangserfolg mit voller Hilfe des Hundeführers stellt sich schnell ein, dann heißt es: »Bau die Hilfen ab!«. Nur, woher soll ein Anfänger die Erfahrung im Hilfeabbau haben? Er wird sich verkrampfen, durch die Dynamik des Geschehens überfordert sein und falsch reagieren. Sehr schnell wird, was freudig be-

gonnen, zu einem konfliktgeladenen Übungsteil. Mit dem Übungsbeginn sollte man sich Zeit lassen. Der Hundeführer sollte im Rahmen des Aufbaues der Konzentrationsphase und des Schrittes nach vorne zuerst die Technik des Hilfeabbaus lernen und sich das nötige Gefühl dafür aneignen. Erst wenn der Hund die Grundstellung und die Spannung in Ruhe beherrscht, macht es Sinn mit dem Setzen-Legen zu beginnen.
Ich nehme den Hund in die Grundposition, absolviere die Konzentrationsphase, lasse ihn warten und drehe mich zum Hund. In der rechten Hand halte ich eine große Anzahl Futterbrocken, halte sie vor seine Nase und gebe das Kommando »Platz!«. Sofort ziehe ich den Hund mit einer schnellen Bewegung in die gewünschte Stellung. Dort lasse ich das Futter auf den Boden fallen. Während er frisst, lobe ich ihn ausführlich. Er soll mit der Zufriedenheit, die in meiner Stimme liegt, das Fressen und das Wort Platz verbinden. Sobald er fertig gefressen hat, lege ich nochmals Futter hin und lobe ihn weiter.

So ausführlich füttere ich ihn aber nur die ersten zehn Mal. Der Hund soll wissen, dass Platz super ist und heißt: sich schnell auf den Boden legen, dort liegen bleiben und fressen! Es soll sich für ihn lohnen, Platz zu machen!
Während der Hund fertig frisst, drehe ich mich in die korrekte Stellung neben den Hund. Die linke Hand hält einen Futterbrocken. Hat der Hund fertig gefressen, wird er mich anschauen. Er kennt das vom Aufbau der Spannung in Ruhe her. Ich sage ihm, dass er im Platz bleiben soll. Dann halte ich die linke Hand in gleicher Höhe wie für das Hochziehen in die Grundstellung. Und jetzt folgt für den Hund der Moment der Verwirrung: Er hört mein Kommando »Sitz!«. Die Spannung ist da, den Futterbrocken sieht er. Er war aber bisher angehalten worden Platz zu machen. Was zum Teufel soll nun das »Sitz«?

Jetzt ist der Hundeführer gefordert, alle seine auf der dritten Ebene gesammelten Kenntnisse des verbalen Lobens und Aufmunterns des Hundes einzubringen. Zeigt der Hund nur den geringsten Ansatz, an das Futter zu kommen, muss ich ihn sofort loben und unterstützen. Die Bewegung wird kaum schnell und zielgerichtet sein. Aber ich muss dem Hund das Vertrauen geben, dass er jetzt das Platz verlassen und ins Sitzen kommen darf. Ich werde mich hüten, enttäuscht zu sein, wenn das Aufsitzen langsam kommt. Wie soll der Hund wissen, dass die neue Bewegung auch noch schnell ausgeführt werden soll? Hat er einmal begriffen, dass ein Teil der Übung das »Platz« ist und der andere das »Sitz«, stimmt die Motivation und damit die Spannung, und die Bewegungen werden auch schneller. Wir müssen lernen, dass nicht jede Ausführung von Anfang an schnell sein kann. Der Zwischenschritt des Lobens eines noch so langsamen Ansatzes in das Sitz muss in Kauf genommen werden, um dem Hund das Selbstvertrauen zu geben, dass die neue Bewegung richtig ist. Dann kommt die Geschwindigkeit der Ausführung von selbst.
Häufig wird empfohlen, den Hund aus dem Platz in das Sitz hochzuziehen. Man verspricht sich mehr Geschwindigkeit. Das Futter wird tief gehalten, der Hund fixiert es. Aber mit dem Kommando »Sitz!« und dem

damit verbundenen Hochgehen des Hundes, zieht der Hundeführer die Hand nach oben. Ich möchte vor dieser weit verbreiteten Unsitte warnen. Hält man das Futter nämlich tief, wird der Hund seinen Bewegungsablauf auf diese Höhe einstellen, indem er seine ganze Muskulatur auf diese Höhe programmiert. Wenn der Hundeführer die Bewegung einleitet, zieht er die Hand hoch. Der Hund wird aber an der vorberechneten Stelle seine Läufe abstellen und muss dann nochmals abdrücken, um an das Futter zu gelangen. Statt einer zielgerichteten Bewegung direkt in die Endstellung, kommt es zu einem Zwei-Phasen-Gehopse. Der Hund steht damit vor dem gleichen Problem wie ein Tennisspieler, der seine Bewegung auf einen heranfliegenden Ball eingestellt hat, der vom Netz aber plötzlich in seiner Flugbahn gestört wird. Hund und Tennisspieler verfehlen beide ihr Ziel, denn sie hatten ihren Bewegungsablauf anders programmiert.

Zusammenfassung:

Das Setzen-Legen ist die erste Lektion aus dem Bereich der Stellungswechsel. Obwohl es eine einfache Übung ist, basiert auch sie auf den vorher erarbeiteten Grundlagen. Motivation muss da sein, die Grundstellung muss bekannt sein, und der Hundeführer muss den Hilfeabbau beherrschen. So gerüstet, wird diese Lektion für das Team nicht zum Problem.

Die Ausbildung zur Prüfungsreife

Folgen frei

Auf der vierten Ebene ist eine Erfolg versprechende, beiden Partnern zusagende Bewegung für das Folgen frei erarbeitet worden. Nun gilt es Routine zu erarbeiten, und es folgt eine Fleißarbeit. Erst wenn der gewünschte Bewegungsablauf gefunden ist, dehnt man die Länge der Geraden aus, und der Hundeführer muss nun die Spannung im Hund aufrechterhalten. Alle paar Schritte wird ein korrektes Folgen frei des Hundes mit einem Futterbrocken bestätigt, um damit die Erwartungshaltung des Hundes aufrechtzuerhalten. Ob das Futter aus der linken Brusttasche geholt oder gespuckt wird, ist egal. Aber die Methode muss dem Hundeführer zusagen und darf den Hund nicht zum extrem schrägen Vorlaufen veranlassen. Die Bestätigung soll für eine korrekte Phase erfolgen.

Fällt der Futterbrocken auf den Boden, lässt man den Hund diesen suchen. Danach geht es freudig weiter. Die Phase des Suchens ist auszublenden und als kleiner Zwischenfall zu betrachten, dem keine weitere Bedeutung beigemessen werden soll.

Die Bestätigung erfolgte ja für ein korrektes, vorangegangenes Folgen frei.

Auf Seite 51 habe ich bei der Grundstellung dargelegt, dass sich der Hund am Oberkörper und an der Armhaltung des Hundeführers orientiert. Vor allem für die Wendungen ist diese Erkenntnis von entscheidender Bedeutung.

Auf der dritten Ebene hat der Hundeführer ohne seinen Hund den Bewegungsablauf geübt und sich einen konstanten Stil für die Wendungen angewöhnt. Dabei hat er gelernt, dass durch das Einleiten der Rechtswendung mit dem rechten Fuß automatisch die linke Schulter in die Wendung geht. Das gibt dem Hund den wichtigsten Anhaltspunkt, die Wendung korrekt einzuleiten. Eine zusätzliche Hilfe kann mit der rechten Hand gegeben werden. Mit einem Futterbrocken in der Hand kann der Hund eng am Körper geführt werden. Damit greifen wir auf das auf der ersten Ebene gelernte Treiben zurück. Mit dieser massiven Hilfe behält der Hundeführer den Hund durch die Wendung eng bei sich. Diese Hilfe muss mit der Zeit abgebaut werden. Für den Hund bleibt dann zur Orientierung und zum Halten des Anschlusses die konstante Bewegung seines Hundeführers.

Zusammenfassung:

Nach dem Aufbau über alle vier Ebenen folgt jetzt Fleißarbeit. Über das konzentrierte Training, gut beobachtet von der ganzen Trainingsgruppe, stellt sich Routine ein. Hund und Hundeführer werden zu einem eingespielten Team.

Die Entwicklungen der Wendungen »linksum« und »rechtsum kehrt« sowie »rechtsum« sind identisch. Alle drei werden mit dem rechten Bein und dem Anwickeln des Fußes eingeleitet. Auf den Bildserien ist deutlich zu sehen, dass der Hund sich klar an der Oberkörperbewegung des Hundeführers orientiert. Die korrekte Schrittfolge garantiert, dass sich der Oberkörper immer gleich dreht. Der Hund erhält so die entscheidende Hilfe, die Wendung korrekt einzuleiten und zu beenden. Hier die Wendung »rechtsum«.

3

4

Hier die Wendung »rechtsum kehrt«.

Nun die Wendung »linksum kehrt«.

3

4

3

4

Das Voran

VORAN MIT HINLEGEN

»Der Hundeführer marschiert etwa 5 m mit dem unangeleinten Hund korrekt bei Fuß, wonach er diesen auf eine Distanz von etwa 10 m (20 m oder 40 m, je nach Klasse) in gerader Richtung voran schickt. Geringe Abweichungen des Hundes nach rechts oder links sind gestattet. Dort hat sich der Hund rasch hinzulegen und zu verharren, bis er vom Hundeführer abgeholt wird. Der Hundeführer beendet die Arbeit, indem er den Hund in Sitzposition nimmt. Kippen beim Liegen ist nicht fehlerhaft. Der Hund darf sich beim Hinlegen gegen den Hundeführer wenden, seinen Standort aber nicht verlassen.«

Auszug aus der Prüfungsordnung der SKG

Bis zum jetzigen Zeitpunkt haben wir vor dem Losschicken des Hundes in das Voran keinen Schritt gemacht. Diese Erweiterung baue ich erst ein, wenn der Hund das Folgen frei perfekt beherrscht, ebenso handhabe ich es mit dem Platz. Im Moment beschränke ich mich darauf, dass der Hund möglichst schnell zu seinem Triebziel gelangt. In dieser Phase habe ich auch genügend Zeit, die Übung an verschiedenen Orten durchzuführen. Es ist auch sehr wichtig, dass der Hund lernt, parallel zu einem Geländewechsel zu rennen, um beim anderen, quer liegenden, das Futter zu finden. Da das etwas kompliziert ausgedrückt ist, gebe ich folgendes Beispiel:
Zwei Feldwege kreuzen sich, fünf Meter vom Kreuzungspunkt weg lege ich den Topf ab. Parallel zum anderen Weg lasse ich den Hund rennen (s. Skizze). Zweck der Übung ist, dass der Hund lernt, nicht am erstbesten Geländeübergang zu suchen, sondern dass er weiß, dass in der Linie, in der er den Hundeführer verlässt, sicher auch ein Geländewechsel kommt und das Futter dort zu finden ist.
Ich verbringe Monate auf dieser Stufe des Aufbautrainings. Erst wenn ich sicher bin, dass mein Hund weiß, was Platz heißt, baue ich es in das Voran ein. Ich probiere es zuerst auf Spaziergängen einige wenige Male aus. Wenn der Hund an mir vorbei rennt, rufe ich »Platz!«. Es ist ziemlich sicher, dass ich das Kommando mehrmals wiederholen muss, bis mein verdutztes Tier begreift, was ich eigentlich von ihm will. Kaum liegt er, freue ich mich überschwänglich und lege ihm reichlich Futter zwischen die Vorderläufe. Mit dem Lob darf man es hier ruhig übertreiben. Nun wird das Ganze in die Übung eingebaut. Seit Monaten hat der Hund gelernt, nach vorne zu rennen. Plötzlich schreit da einer »Platz!«. Das wird ihn völlig aus der Bahn werfen. Wahrscheinlich wird er stehen bleiben und mich ansehen. Ich wiederhole das Kommando, dabei ist es im Moment völlig egal, wenn das Platz zögernd kommt. Hauptsache ist, dass ich erst lobe, wenn er liegt. Nach einer kurzen Pause nehme ich den rechten Arm in die Höhe, warte bewusst einige Sekunden und schicke ihn dann weiter ins Voran. Das auf der zweiten Trainingsebene erlernte blitzartige verbale Bestätigen des Hundes ist der entscheidende Schlüssel für ein schnelles Lernen und das Vermeiden von Konflikten.
Das Ziel dieses Ablaufs ist, dass der Hund lernt, Platz zu machen und auf das Heben des Armes zu warten. Wir lassen unseren

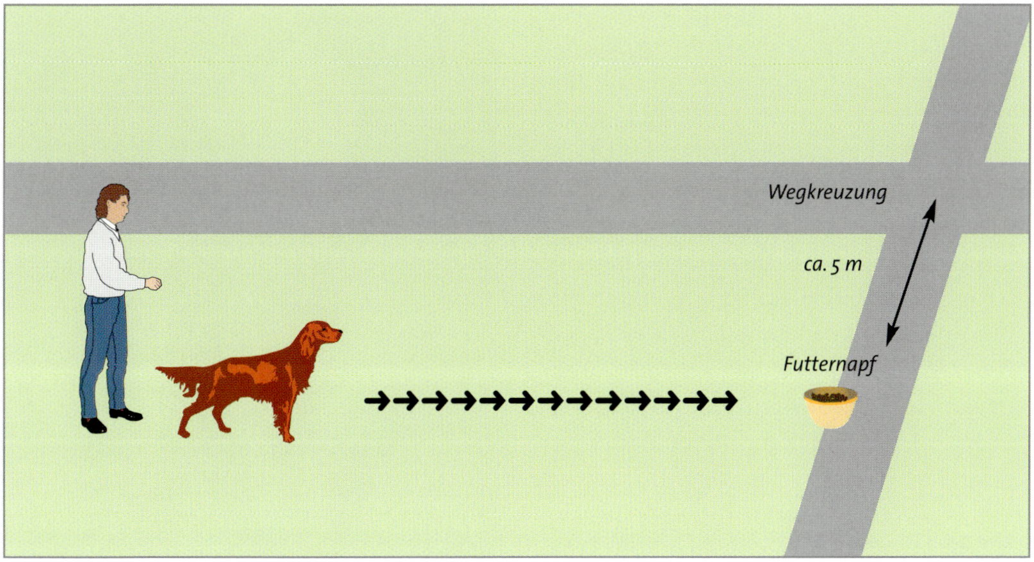

Arm aber erst einen Moment in der Höhe verharren bis wir das Kommando geben und der Hund auf das begehrte Triebziel losgehen darf. Es ist erstaunlich, wie schnell Hunde das begreifen. Voraussetzung ist aber, dass sie gelernt haben, auf das Triebziel loszustürmen; nur dann werden sie die Unterbrechung durch das Platz schnell akzeptieren und es auch schnell ausführen.

Natürlich habe ich den Ablauf etwas übertrieben problemlos geschildert.

Damit wollte ich zeigen, dass in der vollen Spannung sehr schnell ein neues, unterbrechendes Element wie das Platz eingebaut werden kann. Einzig wichtig dabei ist, dass nachher das Triebziel erreicht wird. Es ist aber auch hier mit vielen Überraschungen zu rechnen. Es lohnt sich, dass immer jemand bereitsteht, der den Futtertopf entfernen könnte. Es kann durchaus sein, dass der Hund sich auf das erste »Platz!« hin taub stellt und weiterrennt. Dann muss der Topf weg und das Ganze beginnt von vorne, wobei das Kommando »Platz!« diesmal etwas früher erfolgen muss. Das kann wiederum dazu führen, dass der Hund sich nach fünf Metern ohne Kommando hinlegt. Wieder beginne ich mit dem Ganzen von vorne, d. h. den Hund anrufen, den Topf zeigen, Spannung machen lassen, und den Hund – ohne die Aufforderung, Platz zu machen – durchrennen lassen. Das Ziel aller Korrekturen soll sein, dass sie vom Hund verstanden werden und ihm gezeigt wird, was man als Hundeführer eigentlich von ihm verlangt.

Langsam, nach einigen oder auch vielen Misserfolgen, wird unser Partner begreifen, was wir verlangen und das erwünschte Verhalten konstant zeigen. Ich wünsche allen Hundeführern die nötige Geduld, diese Phase der Festigung eines neuen Arbeitsschrittes gelassen durchzustehen.

Es ist auch möglich, dass der Hund nach dem Platz nicht versteht, dass nach dem Hochhalten des Armes von ihm das Weiterrennen verlangt wird. Hier kann man eine kleine Zwischenübung einschalten. Ich lege den Hund ab und trete einige Schritte hinter den

Hund. Ein Helfer ruft ihn vorne an und zeigt ihm den Futtertopf. Dann halte ich den Arm in die Höhe und schicke den Hund aus dem Platz weiter. Das begreift der Hund meistens sehr schnell und man kann mit der Übung, wie oben beschrieben, fortfahren.

Erst wenn es mit dem Platz klappt und der Hund das Folgen frei beherrscht, baue ich das Angehen in die Übung ein. In den meisten Fällen wird der Hund vorpreschen. Das ist der Moment, um einige Schritte zurückzugehen und das Folgen frei zu wiederholen. Ich schicke den Hund erst, wenn er den perfekten Anschluss hat und zu mir schaut, wie er es im Folgen frei gelernt hat. In der ganzen Übung ist dies ein stark konfliktgeladener Teil; man muss meistens mehrmals von vorne beginnen. Es lohnt sich aber, den Konflikt durchzustehen und den Hund wirklich erst zu schicken, wenn das Folgen frei einwandfrei ist. Nach zwei, drei Wiederholungen wird der Ablauf für den Hund klar. Er begreift, dass erst auf ein sauberes Folgen frei das von ihm heiß ersehnte Kommando »Voran!« folgt.

1

Der Hund ist in der Grundstellung, der Hundeführer baut die Spannung für das Voran auf.

Zusammenfassung:

Auch dieser Teil der Unterordnungsprüfung wird jetzt aus einzelnen, vorher konfliktfrei eingeübten Elementen zu einem Ganzen zusammengefasst. Das auf der Ebene zwei eingeübte Voran wird mit dem Folgen frei, dem Stellungswechsel ins Platz, der Spannung in Ruhe und zum Schluss mit einem Stellungswechsel ins Sitzen kombiniert. Viele einzelne Elemente fließen zu einer komplexen Übung zusammen. Da ich mir für die einzelnen Elemente viel Zeit genommen habe, brauche ich mich jetzt nur noch auf das Zusammenfügen konzentrieren.

4

Der Hundeführer gibt das Kommando und …

… der Hund rast los.

Hat der Hund die Platzposition eingenommen, ist zu erwarten, dass er den Hundeführer anschauen wird. Dieser hält die Hand in die Höhe und lässt sie bewusst einige Sekunden in dieser Stellung. Erst dann schickt er den Hund weiter.

Das Apportieren

APPORTIEREN

»Der neben dem Hundeführer frei sitzende Hund muss auf dessen Verlangen, in schneller Gangart, auf den mindestens 6 m geradeaus fortgeworfenen Gegenstand zulaufen, diesen sofort aufnehmen, dem Hundeführer in schneller Gangart auf dem kürzesten Weg bringen, sich vor den Hundeführer hinsetzen, den Gegenstand ausgeben, und sich nachher wieder an den linken Fuß des Hundeführers setzen. Der Hund darf mit dem Gegenstand nicht spielen, nicht knautschen und ihn nicht fallen lassen. Einmaliges, im Arbeitseifer vorkommendes Nachfassen des Gegenstandes wird nicht bestraft.«

Auszug aus der Prüfungsordnung der SKG

Das Erreichen der Prüfungsreife im Apportieren sollte schnell zu realisieren sein. Ich betone an dieser Stelle nochmals, dass sich der ganze Aufbau bisher im Vorsitzen abspielte. Der Hund kennt die Schlussstellung und hatte Freude daran, dazu wurde ein neues Element, das Halten, konfliktfrei hinzugefügt. Für den Hund war die Belohnung vor und nach dem Halten des Gegenstandes das Wichtigste. Das Zentrale für ihn hat sich im Vorsitzen abgespielt. Darin besteht das Geheimnis des Apportierens und nicht im Üben von Werfen, Aufnehmen und Bringen. Es ist die Erwartung des Hundes, aus dem Vorsitzen belohnt zu werden, und das muss sich über Wochen steigern. Hat man das Gefühl, für den Hund sei es das Schönste mit dem Apport im Fang vor dem Hundeführer zu sitzen und in das Vorsitzen nachzurutschen, ist der Moment gekommen, die Apportierübung auszuführen.
Dazu nehme ich den Hund in die Grundstellung, fordere ihn zum Warten auf, werfe dann den Gegenstand möglichst weit weg und schicke ihn zum Apportieren. Bisher hat der Hund keine schlechten Erfahrungen mit dem Gegenstand gemacht. Für ihn besteht kein Grund, diesen nicht möglichst schnell zu holen und so schnell wie möglich die geliebte Stellung vor dem Hundeführer aufzusuchen. Da sich der Hund in Spannung befindet, wird er auch kaum knautschen.

Man soll sich hüten, die ersten zwei, drei Mal Korrekturen anzubringen. Der Hund soll die Übung ausführen, die Trainingsgruppe soll den Vorgang beobachten und der Hundeführer soll Freude ausstrahlen. Dann gehört der Hund in das Auto. Nun wird die Übung besprochen und Verbesserungsvorschläge werden angebracht: Welche Details sind optimierbar und wie stellt das der Hundeführer am geschicktesten an? Vergessen Sie nie ein aus der Sicht des Hundes sehr wichtiges Element, nämlich unsere Mimik und Blickrichtung. Nach dem Aufnehmen wendet sich der Hund uns zu und wird uns anschauen. Er soll in ein zufriedenes, ihm bekanntes Gesicht schauen und keine verunsicherten und verkrampften Gesichtszüge sehen. Vor allem soll ihn kein Blick, der ihm direkt in die Augen starrt, hemmen, so schnell wie möglich zu uns zu kommen. Direktes In-die-Augen-Starren ist in der Hundesprache eine klare Drohgebärde. Daher gilt es, diese zu unterlassen, indem man über den Hund oder vor ihn auf den Boden blickt.

Zusammenfassung:

Die meiste Vorarbeit ist geleistet, das Prüfungsziel nahe. Die Hauptarbeit muss der Hundeführer im mentalen Bereich leisten. Er muss das Vertrauen haben, dass das Apportieren klappen wird. Alle Warnungen, wie furchtbar schwierig doch Apportieren ist, soll er auf die Seite legen.
Tipp: Der Apportiergegenstand sollte so weit wie möglich fortgeworfen werden. Hat der Hund das Bestreben, das Vorsitzen so schnell wie möglich einzunehmen, wird er auf einer langen Strecke kräftig Tempo machen.

Setzen, Legen und das Front

SETZEN, LEGEN

»Der unangeleinte Hund muss am linken Fuß parallel zum Hundeführer und in Frontstellung sich je einmal legen und setzen. Beim Liegen hat der Hund die Pfoten nach vorne ausgestreckt (Sphinxstellung). Beim Sitzen hat der Hund die Vorderbeine senkrecht zu stellen und darf nicht kippen.«

Auszug aus der Prüfungsordnung der SKG

Für die Prüfungsreife muss im Setzen und Legen der Hilfeabbau erfolgen. Bisher wurde der Hund mit voller Hilfe in beide Stellungen gebracht. Es ist sehr wichtig, dass die Grundstellung für das Setzen, Legen korrekt eingenommen wird. Der Hund soll mit der Schulter deutlich neben dem Knie des Hundeführers sitzen. Sitzt der Hund etwas zu weit vorne, ist die Gefahr groß, dass er sich beim Hinlegen bananenförmig vor den Hundeführer legt. Bisher wurde er immer mit der rechten Hand in die richtige Position gebracht. Beginnt man dem Abbau der Hilfen, wird die Fixierung auf die rechte Hand sehr stark sein, die Gefahr für ein gekrümmtes Liegen ist gegeben. Bringt man den Hund aber in die korrekte Grundstellung, wird er von seiner Anatomie her nicht anders können, als eine gestreckte Platzposition einzunehmen.
Wie bei jedem Hilfeabbau ist der Hundeführer stark gefordert, denn seine Reaktion muss blitzschnell sein, und Lob oder Mahnung müssen sofort erfolgen. Den Abbau der Hilfen beginnt man damit, dass man nach dem Kommando »Platz!« die Körperhilfe nur zur Hälfte gibt. Geht der Hund in die gewünschte Platzstellung, muss man ihn sofort loben und erst dann das Futter hinlegen. Und so tastet man sich langsam vorwärts, vielleicht täuscht man die Hilfe nur an und irgendwann einmal gibt man dann nur noch das Kommando. Jedes korrekte Hinlegen wird gelobt, jedes Anstemmen oder Hinuntertrippeln sofort mit mahnender Stimme unterbrochen.

Meistens wird der Hilfeabbau für die Platzstellung sehr schnell erreicht. Anders verhält es sich mit dem Hilfeabbau für das Setzen. Hier zeigen die meisten Hunde viel mehr Schwierigkeiten. Ideal ist es, wenn das Größenverhältnis Hundeführer–Hund so ist, dass der Hund in der Sitzstellung an die Handfläche des Hundeführers reicht. So wird er das Futter immer in der Hand finden,

Der Hundeführer stellt sich im rechten Winkel zum Hund auf.

Der Hundeführer gibt das Kommando und deutet die Bewegung nur an. Der Hund leitet das Einnehmen der Platzstellung ein, ein deutlicher Hinweis, dass bisher immer das Kommando vor der Bewegung gegeben wurde und der Hund die Verknüpfung von Kommando und Platz machen geschafft hat. Bewegt sich der Hundeführer und gibt erst dann das Kommando, wird der Hund die Bewegung mit Platz machen verknüpfen.

Der Hund hat die gewünschte Stellung eingenommen, ohne dass der Hundeführer seine Position verändert hat.

Jetzt wird ausgiebig gelobt und gefüttert.

Vorbereitung mit viel Hilfe

Der Hund wird mit viel Hilfe in die Frontstellung gebracht. Sitzt er an der gewünschten Stelle vor, nimmt der Hundeführer Augenkontakt auf und fixiert den Hund in dieser Position. Der Hund wurde also von einer ihm bekannten Position in eine andere, auch schon eingeübte Position gebracht.

Weiterer Schritt für den Hilfeabbau

Der erste Schritt für den Hilfeabbau: Der Hundeführer nimmt die Grätschstellung sofort ein und hält die Hand vor die Brust. Da es sich um einen Wechsel zwischen bekannten Positionen handelt, meistern die meisten Hunde diesen sehr schnell.

ohne dass der Hundeführer den Arm anwinkeln muss. Dieses Paar hat es einfach. Zuerst wird das Futter gezeigt und der Hund kommt in die korrekte Stellung hoch und frisst. Dann wird das Futter in der Hand versteckt. Kommt der Hund hoch, wird er sofort bestätigt. Die Hand des Hundeführers ist immer der Orientierungspunkt. Nur findet man leider dieses ideale Größenverhältnis selten.

Meistens ist der Hund mit gestrecktem Hals höher als die am Oberschenkel anliegende Hand des Hundeführers. Daher muss dieser den Arm immer anwinkeln, um dem Hund die richtige Technik des Sitzens beizubringen. Diese Übung ist auf der vierten Ebene erlernt worden. Nun beginnt man mit dem Abbau. Man zeigt dem Hund das Futter und lässt die Hand ohne sie anzuwinkeln neben dem Körper und gibt das Kommando. Nur die wenigsten Hunde werden jetzt in die erwartete, korrekte Position schnellen. Die meisten werden sich nach der Hand orientieren und damit mit angestemmten Beinen

4

5

6

4

5

6

sitzen. Es hat nun keinen Sinn, den Hund am Halsband in die richtige Position zu zerren und sich aufzuregen. Dem Hund wurde beigebracht, sich nach der Hand zu orientieren, also wird er es machen. Der Abbau der Hilfe muss anders erfolgen. Ich nehme ein Gummiband und lege es mir um den Unterarm. Es soll auf der gleichen Höhe sein, wie die Hand mit dem angewinkelten Arm, die für den Hund das Ziel für die korrekte Sitzstellung ist. Unter dem Gummiband befestige ich einen größeren Futterbrocken. Dieser soll vom Hund gut erreicht werden können. So schaffe ich es, dass das neue Ziel, der Futterbrocken unter dem Gummiband, auf gleicher Höhe ist wie die Hand vorher. Auf diese Weise bringe ich den Hund schnell über die Hand, die neuerdings am Oberschenkel bleibt, zum Futterbrocken hin und schaffe damit den Abbau der Hilfe mit der Hand. Ich habe dem Hund ein neues Ziel gegeben.
Ich möchte aber davor warnen, die Hilfe mit der Hand am Anfang, auf der vierten Ebene, nicht zu geben. Nur mit der Hand ist am Anfang der Hund aus der Platzstellung klar zu lenken, und nur mit der Hand können mini-

male Positionsverbesserungen für die Sitzstellung erreicht werden. So wird der Hund die korrekte Technik für das Sitzen lernen. Der Futterbrocken unter dem Gummiband ist nur noch eine kleine Hilfe, um den Hund über die Hand in die gewünschte Sitzposition zu bringen.

Auch das Ausführen des Front, d. h. der Wechsel von der Grundstellung in das Vorsitzen, sollte erst eingeübt werden, wenn der Hund die Grundstellung und das Vorsitzen beherrscht.

Die Ausbildung konzentriert sich auf den Stellungswechsel. Auch diesen Übungsteil beginne ich mit massivster Körperhilfe. Nach der Konzentrationsphase zeige ich dem Hund das Futter in der rechten Hand. Nach dem Kommando »Front!« ziehe ich ihn nach vorne und nehme gleichzeitig mein rechtes Bein etwas vor den Körper. Hat der Hund die Sitzstellung verlassen und folgt dem Futter, ziehe ich das Bein wieder zurück in eine leichte Grätschstellung. Hier beginnt für den Hund ein bekannter Übungsteil, das Hereinziehen ins Vorsitzen. Ehe er sich versieht, sitzt er vor – eine bekannte und, falls richtig aufgebaut, sehr gerne eingenommene Position. Im Vorsitzen wird gefüttert und zum Abschluss der Übung gespielt.

Mit der Zeit versuche ich meine extreme Körperhilfe abzubauen, indem ich das Bein nur noch seitlich verschiebe und den Hund mit der Hand in die richtige Position bringe. Zuerst führe ich ihn noch vor den Körper, dann halte ich die Hand vor die Brust. Entscheidend für den Erfolg ist auch hier bei jedem Abbauschritt der Hilfen die verbale Unterstützung des Hundes.

Wie anfangs erwähnt, wechselt der Hund von einer bekannten Position in eine andere. Im Vorsitzen hat er gelernt vor mir zu sitzen, ich schaute ihn an und fütterte ihn aus dem Mund. Der Hund wurde von vorne in die richtige Position manövriert, er hatte fast keine Chance schräg zu sitzen. Dabei orientierte er sich an meinem Oberkörper und noch mehr an meinem Gesicht. Dort war ja das Futterdepot im Mund. Manövriere ich den Hund jetzt aus der Grundstellung um mich herum, ist es sehr schnell passiert, dass ich dem Hund vor Erreichen der definitiven Position in die Augen schaue. Der Hund sieht das ihm zugewandte Gesicht, nimmt den Augenkontakt auf und damit nagle ich ihn zu früh in die Sitzposition. Er muss annehmen, dass es jetzt Zeit sei, sich zu setzen. Ich habe es ihm ja im Vorsitzen so beigebracht. Schlussfolgerung: Der Augenkontakt wird mit dem Hund erst aufgenommen, wenn er die richtige Position erreicht hat.

Ein leichtes Schrägsitzen lässt sich häufig durch eine kleine Kopfbewegung korrigieren. Der Hund wird etwas drehen, um mich frontal ansehen zu können. Dabei helfe ich dem Hund verbal. Noch bevor er eine schräge Sitzposition eingenommen hat, und ohne dass ich ihm auch noch in die Augen schaue, fordere ich ihn wiederholt mit »Front!, Front!« auf, seine Aktivität fortzusetzen und die korrekte Stellung weiter zu suchen.

Zusammenfassung:

Motivation, die Grundstellung und die Konzentrationsphase, das Vorsitzen und das Setzen-Legen sind auf den vorangegangenen vier Trainingsebenen erarbeitet worden. Jetzt gilt es, den Wechsel von der Grundstellung in das Vorsitzen einzuüben, den Hilfeabbau zu schaffen und das Ganze zu einer harmonischen, dynamisch vorgetragenen Übung zusammenzuschweißen.

Der Hochsprung, Klasse Begleithund I

»Der Hundeführer stellt sich mit abgeleintem Hund vor der Hürde auf. Die Hürde ist 20 oder 50 cm hoch. Hundeführer und Hund marschieren auf die Hürde zu, der Hund überspringt, ohne zu berühren, das Hindernis, der Hundeführer geht rechts daran vorbei, nimmt den Hund nach dem Hindernis wieder bei Fuß und hält nach etwa 5 m an, Hund in Grundstellung.«
Der Hochsprung, alle anderen Klassen: »Der Hundeführer stellt sich mit abgeleintem Hund vor der Hürde auf. Die Hürde ist 20 oder 50 cm hoch. Der Hund springt hin und zurück, ohne die Hürde zu berühren. Alsdann hat er sich sofort wieder korrekt am linken Fuß des Hundeführer zu setzen. Der Hundeführer darf seinen Standort nicht verlassen und hat sich absolut ruhig zu verhalten.«

Auszug aus der Prüfungsordnung der SKG

Die Prüfungsordnung der SKG sieht vor, dass in der Klasse BHI der Hundeführer neben der Hürde vorbeigeht und der Hund darüber springt. Das ist der ideale Weg, dem Hund die richtige Technik für den Hochsprung beizubringen.
Bevor der Hund das Folgen frei nicht perfekt beherrscht, hat er vor der Hürde nichts verloren. Wie das Platz-Sitz sind die Sprünge eine einfache Übung. Auch mit diesem Übungsteil wird leider häufig zu früh begonnen. Erst wenn Hundeführer und Hund gelernt haben, sich miteinander zu bewegen, werden die Sprünge kein Problem sein. Also wartet man, bis die Aufgaben der vierten Ebene gemeistert sind, dann erst soll man sich den Sprüngen widmen.
Ich beginne damit, dass ich den Hund an die Leine nehme und mit ihm spielerisch über die tief eingestellte Hürde springe. Dabei lernt er das Gerät und das Kommando kennen. Ich achte darauf, dass ich das Kommando immer erst unmittelbar vor dem Sprung gebe. Das Ziel soll sein, dass der Hund lernt, nahe an die Hürde zu gehen und dann den Sprung in die Höhe zu machen, und sich nicht schon weit vor der Hürde abzudrücken, um dann im flachem Bogen über das Gerät zu fliegen.

Kennt der Hund das Gerät, stelle ich mich in ungefähr zehn Meter Abstand von der Hürde in der Grundstellung auf. Mit dem angeleinten Hund bewege ich mich auf die Hürde zu. Der Bewegungsablauf ist der gleiche, wie für das Folgen frei, nur ist der Hund jetzt angeleint. Knapp vor der Hürde gebe ich das Kommando »Sprung!« und gehe mit wenigen schnellen Schritten knapp an der Hürde vorbei, mit »Fuß!« nehme ich den Hund wieder in den Normalschritt, halte an und spiele mit ihm. Auch hier habe ich das neue Element, den Sprung über die Hürde, in einen bekannten, gefestigten Ablauf eingefügt. Wichtig ist, das Kommando zum Springen knapp vor der Hürde zu geben. Sollte der Hund vorzeitig selbstständig zum Sprung ansetzen, benütze ich die Leine als Notstopp. Der Hund soll von Anfang an lernen, nur auf Kommando zu springen.
Mit dem Einüben des Hin- und Zurückspringens beginne ich erst, wenn der Hund gelernt hat, knapp vor der Hürde abzuspringen und damit den Sprung in die Höhe zu machen. Die Hürde ist niedrig eingestellt, weil es gilt, zuerst den Ablauf zu üben.

1

Hund und Hundeführer stellen sich 10 bis 15 Schritte vor der Hürde in Grundstellung auf.

2

Der Hundeführer gibt das Kommando für das Folgen frei und bewegt sich auf die Hürde zu. Der Hund kennt das Folgen frei, die Entwicklungsphase zum Sprung ist problemlos.

3

Einen Schritt vor der Hürde gibt der Hundeführer das Kommando zum Sprung. Die Leine muss locker durchhängen.

Der Hund setzt über die Hürde, der Hundeführer folgt mit einigen schnellen Schritten und nimmt seinen Hund wieder in das Folgen frei.

Bewegen sich beide im Gleichtakt, hält der Hundeführer an. Die Übung ist beendet.

Bisher habe ich den Hund immer begleitet, er konnte sich an mir orientieren. Damit er ein Ziel beim Hin- und Zurückspringen hat, stecke ich je nach Größe des Hundes in einem vernünftigen Abstand von der Hürde einen kurzen Stab in den Boden. Dann stelle ich mich mit dem Hund vor der Hürde auf, lasse ihn sitzen und schreite über die Hürde, zeige ihm den Futterbrocken, spieße diesen auf den Stab und schreite wieder über die Hürde zurück. Diese ist so niedrig eingestellt, dass der Hund den Vorgang des Aufspießens beobachten kann. Nach einer kurzen Konzentrationsphase schicke ich den Hund über die Hürde. Da diese niedrig eingestellt ist, und ich selber über die Hürde geschritten bin, wird der Hund denselben Weg nehmen.

Die Grundstellung wird knapp vor der Hürde eingenommen, der Hundeführer lässt den Hund warten und schreitet über die Hürde.

Das Futter wird auf einen Stab aufgespießt. Dadurch ist es besser sichtbar und der Hund lernt, nicht auf dem Boden zu schnüffeln.

Wichtig ist, dass der Hundeführer auch den Rückweg über die Hürde nimmt.

Dann darf der Hund den Sprung ausführen …

… und sich den Futterbrocken holen.

Der Hundeführer geht mit dem Spielzeug nach vorne und lockt den Hund über die Hürde zurück.

1

Hat der Hund gelernt, von links die Grundstellung einzunehmen, soll diese Aufstellung vor dem Sprung eingenommen werden. Auf dem Rückweg sieht der Hund genügend freien Raum, um problemlos den Rücksprung zu bewältigen.

2

Hat der Hund gelernt, die Grundstellung um den Hundeführer herum einzunehmen, empfiehlt sich diese Aufstellung. Auch hier hat der Hund genügend freien Raum für den Rücksprung und das Einnehmen der Grundstellung.

Hat er den Futterbrocken gefressen, locke ich ihn mit Futter oder dem Spielgegenstand wieder über die Hürde zurück. In dieser Phase geht es mir darum, dass der Hund zuverlässig lernt, beide Wege über die Hürde zu nehmen. Nach dem Rücksprung muss er in dieser Lernphase keinesfalls wieder in die Grundstellung zurück.

Erst wenn Hin- und Rückweg tadellos klappen, beginne ich in der Anfangsposition stehen zu bleiben und den Hund nach dem Rücksprung auch in die Grundstellung zu bringen. Dabei ist es ganz wichtig zu berücksichtigen, wie der Hund gelernt hat, die Grundposition einzunehmen. Kommt er um den Hundeführer oder von der linken Seite in die Grundstellung? Je nachdem, muss der Hundeführer mit seinem Hund die Anfangsposition vor der Hürde einnehmen. Für den Hund muss immer genügend freier Raum für den Rücksprung bleiben. Kommt der Hund um den Hundeführer in die Grundstellung, muss rechts vom Hundeführer genügend Platz für den Rücksprung bleiben. Stellt sich der Hundeführer von Anfang an zu weit rechts auf, ist die Gefahr sehr groß, dass der Hund um die Hürde zurückkommt. Man kann es ihm gar nicht verübeln, der Rückweg war ihm ja durch den Hundeführer verbaut.

Zusammenfassung:

Sind Hund und Hundeführer ein gut eingespieltes Team, ist der Hochsprung schnell und konfliktfrei bewältigt. Ich möchte aber ausdrücklich davor warnen, mit dem Hochsprung sehr früh zu beginnen.

Der Weitsprung

Wie beim Hochsprung beginne ich auch die Arbeit am Weitsprung spielerisch. Die Querbänder werden auf eine kurze Distanz eingestellt und ich nehme den Hund an die Leine. Eine dem Hund vertraute Person hängt eine zweite Leine an das Halsband. Beide halten wir die Leinen kurz, der eine auf der einen, der andere auf der anderen Seite des Hundes.
Ich fordere den Hund auf mitzurennen, und so steuern wir auf das Gerät zu. Dabei halte ich eine gerade Linie neben dem Sprung ein und gebe dem Hund kurz vor dem Gerät das Kommando zum Springen. Da er links und rechts geleitet wird, bleibt ihm nicht viel anderes übrig, als zu springen. Wichtig ist, dass die Hilfsperson und ich beim Absprung des Hundes die vorher verkürzt gehaltenen Leinen auf die volle Länge freigeben, und dass ich meinem Hund sofort und überschwänglich meine Freude kundtue.

Der Weitsprung

»Der Hundeführer stellt sich mit abgeleintem Hund vor dem Weitsprung auf. Der Hund hat das Hindernis von 50 oder 100 cm Länge frei zu überspringen, ohne dieses zu berühren. Der Hundeführer begleitet den Hund beim Anlaufen. Während der Hund das Hindernis überspringt, läuft der Hundeführer an diesem vorbei. Nach dem Sprung wird der Hund auf Kommando des Hundeführers bei Fuß genommen. Beide marschieren weiter. Nach etwa 5 m hält der Hundeführer an, Hund in Grundstellung.«

Auszug aus der Prüfungsordnung der SKG

Hundeführer und Helfer halten den Hund an je einer langen Leine.

Beim Spurt auf den Weitsprung werden die Leinen weiterhin kurz gehalten.

Bis der Hund den Sprung ansetzt, werden die Leinen so gehalten, dass der Hund nur den Weg über das Hindernis nehmen kann.

Setzt der Hund den Sprung an, werden die Leinen sofort freigegeben, der Hund kann ungehindert springen.

Nach der Landung nimmt der Hundeführer seinen Hund in den Anschluss und beendet die Übung.

Auf diese Weise wiederhole ich den Weitsprung noch mehrmals. Die Sprunglänge erhöhe ich schnell. Der Hund soll sich daran gewöhnen, zwischen der Hilfsperson und mir über das Gerät zu springen. In der Übung soll nichts Bedrohliches für ihn sein, sondern er soll sich an ihr freuen können. Sobald ich das Gefühl bekomme, dass sich mein Hund freudig und ohne zu zögern auf das Gerät zubewegt, versuche ich ohne Hilfsperson, aber noch immer mit angeleintem Hund, den Weitsprung zu schaffen. In dieser Phase ist es noch eine spielerische Angelegenheit und viel Lob und Dynamik sollten vorherrschen.

Hat der Hund das Gerät spielerisch kennen gelernt, wird es Zeit, den ganzen Ablauf des Weitsprungs einzuüben. Immer noch an der Leine, nehme ich mit dem Hund in der seitlichen Verlängerung des Weitsprungs die Grundstellung ein. Nach der Konzentrationsphase marschiere ich mit dem Hund wie in der Disziplin Leinenführigkeit los. Es ist wichtig, viel Abstand zum Gerät zu haben. Der Hund soll sich mindestens zehn bis fünfzehn

1

2

Der Hundeführer soll sich in der Verlängerung der Seitenwand des Gerätes aufstellen. So wird er in einer Linie auf das Gerät zulaufen und der Hund kann sich auf den Sprung konzentrieren.

Schritte neben mir bewegen und sich damit in einem harmonischen Bewegungsablauf befinden. Wenige Meter vor dem Gerät gebe ich das Kommando für den Sprung und nun ist meine Sportlichkeit gefordert. Sofort nach dem Kommando lege ich den schnellstmöglichen Spurt hin. Für den Hund beginnt damit der Bewegungsablauf, der ihm vom Kennenlernen des Geräts bekannt ist.

Sofort nach dem Sprung nehme ich den Hund wieder in den Bewegungsablauf der Leinenführigkeit und beende die Übung mit dem Anhalten.

Damit wäre wieder das Prinzip angewendet, dem Hund etwas – hier die Leinenführigkeit oder das Folgen frei – konfliktfrei beizubringen und dann ein neues Element, den Weitsprung, einzuschieben. Die Anlaufstrecke auf das Gerät soll bewusst lange sein, es soll klar eine Leinenführigkeit sein. Der Hund wird damit kein Problem haben, er hat die Leinenführigkeit oder das Folgen frei ja einwandfrei gelernt.

Da der Weitsprung für den Hund ein eingeschobenes Element in etwas Bekanntes sein soll, lohnt es sich, mit diesem zu warten, bis das Folgen frei klappt. Es ist wie mit dem Setzen und Legen: Je später man beginnt, umso schneller stellt sich der Erfolg ein.

Zusammenfassung:

Der Weitsprung ist eine sehr dynamische Übung und wird von den Hunden sehr gerne ausgeführt. Doch Vorsicht: Man soll den Hund unbedingt an zwei Leinen über den Weitsprung führen, bis die Querbänder auf voller Sprunglänge oder darüber ausgezogen sind. Hat der Hund einmal begriffen, dass er in die Weite springen muss, wird diese Übung fast zur Lieblingsdisziplin der meisten Hunde.

Das Kriechen

In der Prüfungsordnung der SKG wird das Kriechen in der Klasse SanHI–III verlangt. Für viele Sanitätshundeführer wird diese Disziplin zur Knacknuss. Rüden und langbeinige Rassen sind von vornherein anatomisch benachteiligt. Zudem steht der Ablauf des Kriechens einem spannungsgeladenen Bewegungsablauf, den wir sonst überall anstreben, diametral entgegen. Ich persönlich hoffe, dass diese Disziplin in naher Zukunft abgeschafft wird. Zur Zeit wird sie in der Prüfungsordnung aber noch verlangt, also müssen wir wohl oder übel damit leben und unseren Hunden das Kriechen beibringen.

Kriechen

»Der Hund hat auf einer Geraden von 10 m zu kriechen. Zu Beginn muss er Platz machen. Während des Kriechens sind mehrere Hör- und Sichtzeichen sowie Atempausen erlaubt. Der Hundeführer darf mitkriechen oder nebenher gehen, fehlerhaft ist jedoch jedes Berühren des Hundes. Nach dem Kriechen hat sich der Hund erst auf Kommando des Hundeführers zu setzen.«

Auszug aus der Prüfungsordnung der SKG

Die fertige Übung sieht so aus, dass der Hund aus dem Platz mit der Brust am Boden, und ohne die Hinterhand wesentlich anzuheben, 10 Meter neben dem Hundeführer kriecht. Also müssen wir ihm beibringen, die Platzstellung kriechend zu verlassen. Das wäre bei der Ausbildung der erste Schritt. Aber wie geht es dann weiter? Oft werden über 10 Meter Futterbrocken auf den Boden gelegt. Der Hund lernt die volle Aufmerksamkeit dem Boden zu widmen, dabei geht der Kopf hinunter und die Hinterhand automatisch in die Höhe. Das Triebziel liegt schon da, und je nach Temperament des Hundes haben wir in Kürze als Resultat ein fröhliches Hopsen auf dem Platz. Die Folge: Man versucht die Hinterhand mit den tollsten Hilfsmitteln am Boden zu halten. Der Konflikt ist mit dieser Methode vorprogrammiert. Man verwendet danach die meiste Zeit mit Konfliktbewältigung, das Problem hat man aber selber durch die Trainingsanlage geschaffen.

Für mich liegt das Geheimnis des erfolgreich gezeigten Kriechens darin, dass der Hund, während er kriecht, nie den Kopf senken muss und dass vor allem am Anfang das Platz bestätigt wird und nicht das Kriechen. Das klingt zuerst paradox. Die Stellung Platz kennt der Hund seit der Ebene vier. Es ist eine Stellung, in der sich der Hund wohl fühlt. Auch bei dieser Übung versuche ich, wie schon oft, ein neues Element zwischen zwei bekannte Stellungen zu bringen.

Ich lasse den Hund Platz machen, stelle mich neben ihn, halte etwas Futter in der Hand. Nach dem Kommando »Kriech!« besteht die Kunst darin, die Hand auf der richtigen Höhe nach vorne zu ziehen. Die Hand darf nicht zu hoch gehalten werden, damit der Hund nicht vorne aufsteht und nicht zu tief, dass er den Kopf senkt und damit die Hinterhand hochgeht. Sobald er der Hand so weit folgt, dass er die hinteren Läufe einmal nachzieht, sage ich »Platz!«, lobe ihn für das Platz und lege das Futter auf den Boden.

Hat der Hund gefressen, ziehe ich ihn eine weitere »Kriecheinheit« nach vorne, lobe und bestätige das Platz. So lernt er, sich von Platzstellung zu Platzstellung kriechend fortzubewegen.

Die Grundlagen dazu sind schon auf den vorangegangenen Ebenen gelegt worden. Auf der ersten Ebene hat der Hundeführer gelernt, seinen Vierbeiner mit Futter zu motivieren. Deshalb wird es ein Leichtes sein, den Hund von Platzstellung zu Platzstellung dem Futter folgen zu lassen. Auf der vierten Ebene, als alle nötigen Voraussetzungen schon Schritt für Schritt erarbeitet waren, konnte der Hund das Platz lernen. Er war dabei nie überfordert worden, die Stellung konnte also konfliktfrei erlernt werden. Jetzt greife ich auf alle diese Grundlagen zurück und bringe dem Hund das Kriechen bei.

Gemäß Prüfungsordnung darf das Kommando »Kriech!« mehrmals gegeben werden. Also strebe ich als Zwischenziel für die SanHI-Prüfung an, die verlangten 10 Meter schrittweise zu absolvieren. Nach jedem Schritt halte ich an, der Hund macht Platz, ich gebe wieder das Kommando für die nächste »Kriecheinheit«. Dieses Ziel gilt es bis zur ersten Prüfung zu erreichen, der Abbau der beschriebenen vollen Hilfen kann zum Erreichen der Prüfungsreife jetzt in Angriff genommen werden.

Als Erstes versuche ich, das Ziehen mit der Hand abzubauen. Ich versuche den Hund mit der Körperbewegung zum Kriechen zu veranlassen. Setzt man das auf der dritten Ebene erlernte Repertoire der verbalen Bestätigung ein, geht der erste Abbauschritt meistens erstaunlich gut voran. Die Bedingung dafür ist, dass das Ziehen von Platz zu Platz von Anfang an mit einer Körperbewegung kombiniert war. Die Hand, die sich vom Hund weg bewegte, und die Körperbewegung müssen vom Hund als Einheit wahrgenommen worden sein. So wird er auch folgen, wenn nur der Körper sich bewegt. Unterstütze ich den Hund noch zusätzlich verbal, stellt sich der Erfolg schnell ein.

Das Gewicht auf dem linken Bein, kniet der Hundeführer neben dem Hund und hält ihm Futter vor die Schnauze.

Das Gewicht und damit den Körper langsam nach rechts verlagernd, zieht der Hundeführer den Hund nach vorne. Wie hoch dabei die Hand gehalten werden muss ist auszuprobieren.

3

Erst jetzt erhält der Hund Futter, die Platzstellung wird bestätigt.

4

Es wird so weit nach rechts bewegt, bis die Hinterhand nachgezogen ist. Sofort ertönt das Kommando »Platz!«.

Der Hundeführer verlagert das Gewicht nach rechts, der Hund folgt.

Jetzt wird der Hund nur mit der Körperbewegung geführt. Die rechte Hand ist hinter dem Rücken. Das rechte Bein ist weit vor dem Hund und blockt den Weg zur rechten Hand ab.

Sofort wird die Platzstellung bestätigt.

Zieht der Hund die Hinterläufe nach, gibt der Hundeführer das Kommando »Platz!«.

Im nächsten Aufbauschritt lenkt der Hundeführer den Bewegungsablauf mit dem Bein. Der liegende Hund nimmt Blickkontakt zum Hundeführer auf.

Nach dem Kommando »Kriech!«, bewegt der Hundeführer das linke Bein langsam nach vorne, der Hund folgt. Hier ist wieder die Trainingsgruppe gefordert zu beobachten, wie lang der Schritt sein muss. Das ist von Hund zu Hund extrem verschieden.

Nach vielen Übungseinheiten versuche ich den Hund stehend zu führen. Auf das Kommando »Kriech!« bewege ich das linke Bein nach vorne. Damit sperre ich ihm den Weg ab. So kann er nicht vor mich hin kriechen, und er hat gleichzeitig eine Orientierungshilfe. Ich muss lernen, wie lange mein Schritt pro »Kriecheinheit« sein soll. Der Hund lernt, sich neben dem abgestellten linken Bein hinzulegen und damit das immer wieder bestätigte Platz einzunehmen.

Gelegentlich wird es möglich, dass ich das Kommando »Platz!« weglasse. Stelle ich das linke Bein ab, ist es das Zeichen zum Hinlegen. Das linke Bein übernimmt die Führung: Der Schritt vom verbalen Kommando zur Körperführung ist gemacht. Und immer noch bestätige ich jedes Platz. Worauf ich jetzt bestehe, ist, dass mich der Hund, nachdem er gefressen hat, anschaut. Damit erhalte ich seine Aufmerksamkeit. Er kann meine Körperbewegung voll wahrnehmen, und bei erhobenem Kopf bleibt die Hinterhand besser am Boden.

Als Hundeführer sollten wir bestrebt sein, die Prüfungsreife mit viel Geduld zu erreichen. So kann man sich einem kontinuierlichen Aufbau widmen und muss nicht unnötig Zeit und Geduld aufbringen, Konflikte zu bewältigen, die man selbst produziert hat.

Zieht der Hund die Hinterbeine nach, erfolgt das Kommando »Platz!«.

Sofort wird das Platz bestätigt.

Im Gegensatz zum Folgen frei suche ich im Kriechen bewusst den Augenkontakt zum Hund und nehme dabei eine leichte Oberkörperdrehung in Kauf. Damit braucht sich der Hund nicht nur am linken Bein zu orientieren. Kriecht er vor, kann ich ihn leicht mit einer kleinen Oberkörper- und Kopfdrehung nach links zurückhalten. Vor allem, wenn ich nach langer Zeit versuche, einige Schritte zusammenzuhängen, wird mir dies eine zusätzlich Hilfe sein. Aber ich werde mich hüten, schnell den schrittweisen Aufbau zu verlassen. Auch das Platz werde ich lange Zeit immer wieder bestätigen. Der Hund soll lernen, dass das Kriechen eine kleine Bewegung zwischen zwei Platzstellungen ist. Damit kommt Ruhe in die ganze Übung, die Gefahr, dass etwas schief geht, ist minimiert. Erst viel später – ich meine wirklich, eine ganze Weile später – versuche ich, einige Schritte zusammenzuhängen. Hat man sich für die Aufbauphase Zeit genommen, wird dieser Übergang zum kleinsten Problem.

Zusammenfassung:

Wiederum mit den auf den vorangegangenen Ebenen erlernten Elementen bringt der Hundeführer seinen Hund dazu, sich von Platzstellung zu Platzstellung kriechend fortzubewegen. Das linke Bein und die Oberkörperhaltung dienen dem Hundeführer zur Körperführung und damit dem Hund als Orientierung.

Das Lautgeben

Viele Hunde schenken uns das Lautgeben, sie bellen einfach. Andere sind kaum dazu zu bringen. Sei es, dass das Bellen nicht rassespezifisch ist, oder weil der Hund wegen eines Konfliktes und zu viel innerer Spannung verstummt.

Das Lautgeben

»In Sitzstellung vor dem Hundeführer hat der Hund auf Kommando sofort wenigstens drei Mal kräftig Laut zu geben.«

Auszug aus der Prüfungsordnung der SKG

Was sollte der Hund können, bevor wir mit dieser Übung beginnen? Auf jeden Fall das konfliktfreie Vorsitzen. Auch sollte er mit Futter oder Spielzeug zu motivieren sein. Also ist das Lautgeben keine Anfängerübung. Je nachdem, für welche Klasse im Hundesport man sich entschieden hat, soll man früher oder später mit diesem Übungsteil beginnen, aber sicher nicht, bevor man die dritte Trainingsebene erfolgreich bewältigt hat.
Bei allen Übungen, die bisher behandelt wurden, konnte ich dem Hund durch geschicktes Führen vermitteln, was ich von ihm verlangte. Das entsprechende Kommando konnte ich nebenbei einfließen lassen. Durch sein Streben nach dem Futter oder mit Körperbewegungen habe ich den Hund zum Ziel geführt und erst dann die Hilfen abgebaut. Beim Lautgeben geht das nicht! Das Kommando soll schließlich das Bellen auslösen.

Für den Aufbau mache ich mir die Tatsache zunutze, dass Hunde ältere Hunde gerne nachahmen. Also binde ich meinen Hund in der Nähe eines anderen Hundes an.
Selbstverständlich sollten sich die beiden Hunde gut verstehen und mein Hilfshund das Lautgeben beherrschen. Ich stelle mich in kurzer Entfernung vor die Hunde und gebe das Kommando. Fängt der Hilfshund an zu bellen, lobe ich diesen und bestätige ihn mit Futter. Ich mache weiter, bis mein Hund das erste »Wuff« macht. Das ist der Moment, wo ich ihn mit Lob förmlich überschütte. Die ganze Atmosphäre soll sehr locker sein. Die angebundenen Hunde können sitzen, stehen, liegen oder an der Leine zerren. Es geht nur darum, dass sie auf Kommando bellen.
Klappt das Auslösen des Bellens zuverlässig, trete ich näher zu meinem Hund. Vorsichtig versuche ich ihn ins Sitzen zu bringen und dann bellen zu lassen. Dann nähere ich mich dem Hund wieder um ein Stück, bis ich ihn in der Stellung des Vorsitzens habe. Jetzt heißt es, den Hund gut zu beobachten: Es gibt Hunde, die bellen intensiv, wenn man Druck auf sie ausübt, bei anderen muss ich mich etwas zurücknehmen. Dies gilt es nun auszuprobieren. Ich kann im Vorhinein nicht wissen, ob ich bei meinem Hund mehr Erfolg habe, wenn ich ihm in die Augen schaue und mich minimal vorbeuge, oder ob es besser ist, keinen Augenkontakt aufzunehmen und den Oberkörper zurückzulehnen. Schon minimale Unterschiede in der Körperhaltung können über Erfolg und Misserfolg entscheiden. Es braucht z.B. nur etwas zu viel Vorlage und schon kommt kein Ton mehr, weil der Druck auf den Hund zu groß geworden ist.

Ein ausgebildeter und ein auszubildender Hund sind angebunden. Auf Kommando bellt der alte Profi ausgiebig.

Der Hundeführer freut sich und …

3

...füttert den bellenden Hund.

4

Nach mehreren Versuchen wird der junge Hund auch zu bellen anfangen, der Nachahmungstrieb funktioniert.

Der Hundeführer freut sich riesig und …

… füttert den Anfänger ausgiebig.

Kann der auszubildende Hund schon allein auf Kommando bellen, soll der Hundeführer ihn auf Distanz dazu auffordern. Der Abstand zum Hund wird langsam verkürzt bis der Hundeführer vor dem Hund steht. Achtung! Weicht der Hund bei der Annäherung aus, muss die Distanz sofort wieder vergrößert, der Augenkontakt abgebrochen und der Kopf etwas seitlich gehalten werden. Das wirkt nicht so bedrohlich und der Hund fühlt sich freier.

Zusammenfassung:

Das Lautgeben ist die einzige Disziplin, die ich dem Hund nicht durch geschicktes Manövrieren beibringen kann. Also nutze ich den Nachahmungstrieb des Hundes aus. Ich lasse einen anderen Hund auf Kommando bellen, und lobe und bestätige ihn dafür. Irgendwann wird auch mein Hund bellen und merken, dass er dafür mit überschwänglichem Lob und viel Futter belohnt wird. Kennt der Hund das Kommando, nähere ich mich ihm langsam und probiere aus, ob etwas Druck (durch Augenkontakt und/oder vorgebeugte Körperhaltung) meinen Hund zum Bellen oder eher zum Verstummen bringt.

Wenn der linke Arm zurückzuschwingen beginnt, gibt der Hundeführer das Kommando »Sitz!«, dreht den linken Fuß ein und stellt ihn ab.

Auf dem linken Fuß stehend beginnt der Hundeführer sich vor den Hund zu drehen.

Mit der Drehung blockiert er den Hund und das Sitzen wird sofort eingenommen.

Der Hund sitzt und wird in dieser Stellung bestätigt.

Sitz aus der Bewegung

Dieser Teil der Prüfungsordnung ist nichts für Anfänger. Bevor man das Sitz aus der Bewegung einübt, muss das Folgen frei perfekt und konfliktfrei sitzen. Hund und Hundeführer müssen ein gutes Gefühl für die gemeinsame Bewegung entwickelt haben, und der Hundeführer sollte das nötige Fingerspitzengefühl für den Hilfeabbau zeigen. Bevor ich nicht in Klasse III nach der Prüfungsordnung der SKG arbeite, übe ich das Sitz aus der Bewegung nicht. In Klasse II soll das Steh aus dem Normalschritt gezeigt werden. Erst wenn diese Klasse abgeschlossen ist, beginne ich mit dem Sitz aus dem

»Der unangeleinte Hund muss am linken Fuß parallel zum Hundeführer und in Frontstellung sich je einmal legen und setzen. Anschließend gehen Hund und Hundeführer 5 m geradeaus, wo der Hund auf ein Hörzeichen des Hundeführers sich sofort setzen und ruhig sitzen bleiben muss. Der Hundeführer geht, ohne sich umzudrehen, noch 20 m weiter, bleibt stehen und dreht sich mit einer Kehrtwendung zu seinem Hund um. Auf ein Hörzeichen des Hundeführers hat sich der Hund sofort je einmal korrekt zu legen und zu setzen. Beim Liegen hat der Hund die Pfoten nach vorne ausgestreckt (Sphinxstellung). Beim Sitzen hat der Hund die Vorderbeine senkrecht zu stellen und darf nicht kippen. Auf Abruf muss der Hund sofort und auf kürzestem Weg in rascher Gangart an die linke Seite des Hundeführers in Sitzstellung gehen.«

Auszug aus der Prüfungsordnung der SKG

Nach einer Phase des Vorsitzens, stellt sich der Hundeführer neben den Hund und zeigt ihm das Spielzeug.

Die Übung wird immer mit einem Schritt nach hinten und einer Spielphase beendet.

Das Kommando wird immer dann gegeben, wenn der linke Arm zurückschwenkt. Unsere Körperhaltung und der immer gleiche Bewegungsablauf sind für den Hund die wichtigste Hilfe.

Nach vielen Übungsstunden kann dazu übergegangen werden, nach dem Kommando nur die Schulter einzudrehen. Der Hund wird beginnen, die Sitzposition sofort einzunehmen.

Der Hund sitzt, der Hundeführer entfernt sich.

Der Hundeführer kommt zurück, stellt sich vor den Hund und bestätigt ihn in dieser Position.

Normalschritt und parallel mit dem Steh aus dem Laufschritt.
Für den Hund ist es sehr hilfreich, wenn er das Sitz aus der Bewegung, wie die Wendungen, voraussehen kann, wenn er also rechtzeitig weiß, was kommt und durch das Kommando nicht überrascht wird. Aus diesem Grund schließe ich die Übung anfangs immer an das in der Prüfungsordnung der SKG vorangehende Setzen, Legen an. Dieser Ablauf lässt den Hund voraussehen, was folgen wird. Schlussendlich soll die Übung so aussehen, dass sich der Hund aus dem Folgen frei auf das Kommando »Sitz!« hin sofort und schnell setzt. Dies wird allerdings nur gelingen, wenn er genug Spannung aufgebaut hat und damit rechnet, für das gelungene Sitzen bestätigt zu werden.

Für das Sitz aus der Bewegung marschiere ich wie für das Folgen frei an. Der Bewegungsablauf soll harmonisch sein. Ich warte, bis der Hund sich im gleichen Takt neben mir bewegt. Stimmt das Folgen frei, folgt das Kommando »Sitz!« in dem Moment, in dem ich mit dem linken Bein nach vorne gehe und, entsprechend dem normalen Bewegungsablauf, mein linker Arm beginnt, sich nach hinten zu bewegen. Das Kommando erfolgt aus dem normalen Bewegungsablauf des Folgen frei heraus. Erst jetzt nutze ich die Körperbewegung aus, bringe den Hund mit der linken Hand in die Sitzstellung und drehe mich blitzartig auf dem linken Bein vor den Hund. Ehe sich der Hund versieht, befindet er sich in der wohl vertrauten Vorsitzstellung. Sofort beginne ich den Hund zu loben und zu füttern.

Nach einer Phase des Vorsitzens stellt sich der Hundeführer neben den Hund und zeigt ihm das Spielzeug.

Die Übung wird immer mit Spielen nach hinten beendet.

Richtig ausgeführt, hat der Hund keine Zeit, verwirrt zu reagieren. Er folgt mir im Folgen frei, dann ertönt plötzlich so ein komisches Wort, verbunden mit einer völlig unerwarteten Bewegung. Der Rest ist ihm wieder bekannt, und die Fütterung im Vorsitzen war schließlich schon immer super.

Nach dem Füttern im Vorsitzen stelle ich mich neben den Hund und beende die Übung mit Spielen. Dabei bewege ich mich – wie zu Beginn des Buches erläutert – wie immer nach rückwärts. Kennt der Hund den Ablauf zuverlässig, beginne ich mich nach einigen Futterbrocken um einige Schritt wegzubewegen, kehre um, stelle mich neben den Hund und das Spiel schließt sich an. Damit lernt der Hund die Spannung zu halten, auch wenn ich mich wegbewege. Es nutzt mir wenig, wenn er später zwar schnell sitzt, er dann aber, während ich mich wegbewege, die ganze Spannung verliert und die nachfolgenden Übungsteile langsam ausführt.

Kennt der Hund nach vielen Wiederholungen den Ablauf, beginne ich mit dem Hilfeabbau. Mit Gefühl beginne ich meine Oberkörperdrehung auf ein Minimum zu reduzieren und meinen Bewegungsablauf im Folgen frei immer weniger zu unterbrechen. Vorerst kehre ich aber immer zum Hund zurück und beende die Übung mit spielen.

Erst viele Übungsstunden später unterlasse ich das Zurückkehren und bleibe stattdessen vorne stehen. Nun wird der Hund seine Spannung halten, da er ja gewohnt ist, dass ich zurückkehre und mit ihm zu spielen beginne. Diese Spannung nutze ich aus und beende die Übung mit Platz oder Steh (BH III), gehe dann erst zum Hund und spiele mit ihm.

Zusammenfassung:

Außer dem Apportieren und dem Voran begegnet der Hundeführer in dieser Fortgeschrittenenübung allen Elementen, die er auf den vier Ebenen gelernt hat. Das Sitz aus der Bewegung wird aus der vollen Dynamik des Folgen frei heraus eingeübt und soll bei der Prüfung auf Kommando des Hundeführers, ohne dessen Beeinflussung, vom Hund sofort eingenommen werden. Diese Übung erfordert vom Hundeführer gutes Reaktionsvermögen, klare Bewegungsabläufe und viel Einfühlungskraft. Schon die geringsten Irritationen beim Hund werden Stellungsfehler zur Folge haben und ihn die Übung mit dem Stehenbleiben verwechseln lassen.

Das Steh

Laut Prüfungsordnung der SKG soll das Steh in der Klasse II aus dem Normalschritt heraus gezeigt werden. Innerhalb der Klasse III wird dann das Sitz aus dem Normalschritt und das Steh aus dem Laufschritt verlangt. Es dürfte niemand verwundern, dass hier eine große Verwechslungsgefahr besteht und Stellungsfehler bei Prüfungen auch häufig auftreten. Je mehr Druck in der Anfangsphase der Steh-Übung auf den Hund ausgeübt wird, desto konfliktgeladener wird das Training sein. Der Hund freut sich nicht mehr auf die Stellung, er bleibt nicht klar im Kopf, und schon unterlaufen ihm Fehler.

Daher halte ich mich beim Aufbau der Übung an folgendes Konzept: Erst wenn alle für die Klasse II relevanten Übungsteile der Unterordnung sitzen, beginne ich das Steh möglichst kurz und ohne Druck zu üben. Perfektion verlange ich zu diesem Zeitpunkt nicht.

Stehen bleiben

»Der Hundeführer läuft mit seinem frei Fuß folgenden Hund 5 m geradeaus, lässt den Hund, während er selbst in gerader Richtung weiterläuft, ohne seine Gangart zu unterbrechen oder sich umzudrehen, stehen bleiben, dreht sich nach einer Distanz von etwa 20 m um und lässt, in dieser Entfernung stehen bleibend, den Hund sich hinlegen (Sphinxstellung). Nach einer kurzen Pause geht der Hundeführer zu seinem Hund und stellt sich an dessen rechte Seite. Der Hundeführer beendet die Arbeit, indem er den Hund in Sitzstellung nimmt.«

Auszug aus der Prüfungsordnung der SKG

Es reicht, wenn der Hund wenigstens ungefähr weiß, was Steh sein könnte. Ich nehme sogar bewusst Punktabzüge in der Klasse-II-Prüfung in Kauf. Mein Ziel ist es lediglich, die Prüfung im ersten Anlauf zu bestehen.
Erst auf der Ebene der Klasse-III-Unterordnung beginne ich ernsthaft mit dem Training des Steh aus dem Laufschritt und des Sitz aus dem Normalschritt.
Vorgängig zur Stehübung aus der Bewegung lehre ich dem Hund die Schlussstellung. Dazu muss er zuerst einmal wissen, was überhaupt mit dem Kommando »Steh!« gemeint ist. Die Spannung in Ruhe ist die Voraussetzung dazu.

Ich stelle den Hund in die Schlussstellung, gebe das Kommando und halte ein Spielzeug vor ihn hin. Sobald er steht, lobe ich ihn. Dann wiederhole ich das Kommando, lobe ihn wieder und werfe schließlich das Spielzeug hinter den Hund. Gleichzeitig lasse ich ihn mit einem Kommando frei und das Spielzeug holen.
Sehr schnell wird der Hund lernen, auf das Kommando »Steh!« hin zu verharren und auf das Spielzeug zu warten. Darauf aufbauend kann man die Stellung durch Ziehen an einer Führerleine festigen. Dabei soll der Hund dem Zug nicht nachgeben und die Läufe am Boden lassen.

Die Stellung sollte immer mit Spiel beendet werden. Auch muss das Spielzeug immer hinter den Hund und darf nie in seine Blickrichtung geworfen werden.
Für die Prüfung der Klasse II begnüge ich mich mit diesem Ausbildungsstand, übe vor der Prüfung allerdings noch ein paar Mal das Steh aus dem normalen Schritt heraus mit voller Hilfestellung.

Der Hundeführer bringt den Hund in die ihm unbekannte Position Steh.

Mit dem Spielzeug wird Spannung gemacht und genau beobachtet, dass der Hund in der Position verharrt.

Anfangs kann das Spielzeug hinter den Hund gelegt werden, später wird es geworfen.

Auf Kommando kann der Hund die Position verlassen und das Spielzeug holen.

1

2

Beim Steh ist es wie beim Vorsitzen und Apportieren. Zuerst übe ich die Schlussstellung ein. Der Abschluss soll dem Hund bekannt sein. Er soll die Stellung in Spannung einnehmen. Seine Erwartungshaltung auf Futter oder Spiel wird ihn dazu bringen, die Spannung zu halten. Erst jetzt, nach bestandener Klasse-II-Prüfung, baue ich die Schlussstellung in den Laufschritt ein.

Den Bewegungsablauf übe ich anfangs ohne Hund ein. Der Laufschritt soll deutlich ein Laufschritt, aber kein Spurt sein. Kurz bevor das rechte Bein aufsetzt, gebe ich das Kommando »Steh!«. Ich bleibe auf dem rechten Bein stehen und halte den Hund fest. Beherrsche ich den Ablauf und der Hund die Schlussstellung, versuchen wir es gemeinsam. Der Anlauf vor dem Kommando soll genügend lange sein, der Hund soll sich neben mir im Gleichgewicht bewegen. Das Kommando und mein abruptes Stehenbleiben sowie das Festhalten des Hundes, werden diesen einen kurzen Moment lang verwirren. Sobald der Hund aber steht, lobe ich ihn. Ich hole das Spielzeug aus der Tasche und lasse ihn Spannung machen. Dann entferne ich mich einige Schritte unter ständigem Loben und werfe schließlich das Spielzeug hinter den Hund.

Die Position wird auf alle Arten abgesichert, durch Druck auf Schultern und Kuppe, durch Zug nach vorne und oben.

Geht der linke Arm vor, kommt das Kommando »Steh!«. Bei der Übung Sitz aus der Bewegung kam das Kommando immer, wenn der linke Arm am Zurückschwingen war.

Der Hundeführer hält den Hund an der Brust fest, fixiert ihn in der Position ...

... und bleibt neben dem Hund stehen.

4

Das Weggehen wird mit dem Handzeichen unterstützt ...

5

... und weiter abgesichert.

6

Nach ein paar Schritten dreht sich der Hundeführer um, zeigt das Spielzeug und beendet die Übung indem er es hinter den Hund wirft.

Es empfiehlt sich, dieses Schema, vor allem das Stehenbleiben neben dem Hund, mit allen Hilfen geduldig zu üben. Immer bleibe ich dabei deutlich neben dem Hund stehen und sichere so die Position ab. Beim Weglaufen lobe ich den Hund und drehe mich erst nach einigen Schritten um. Wir dürfen nämlich nicht vergessen, dass wir uns bei der Übung Sitz aus der Bewegung in diesem Moment direkt vor den Hund drehen. Die Ähnlichkeit beider Übungen in dieser Phase könnte den Hund verwirren. Also bewege ich mich vom Hund weg und gebe ihm ein deutliches Handzeichen. Erst nach einigen Schritten, wenn eine Verwechslung mit dem Sitz aus der Bewegung ausgeschlossen ist, drehe ich mich um und hänge das Spiel an. Es wäre doch höchst ärgerlich, wenn der Hund ein schönes Steh machte, wir ihn aber durch ein zu frühes Umdrehen dazu verleiteten sich vorschriftswidrig zu setzen.

Man kann den Hund dazu bringen die aufgebaute Spannung zu halten, indem man die Übung häufig wiederholt und sie dabei jedes Mal mit einer Spielphase beendet. So festigt sich im Hund die Erwartungshaltung, dass nach der Übung gespielt wird, was seine Aufmerksamkeit fördert. So hoffe ich, dass der Hund zukünftig auf das Kommando »Steh!« die Stellung schnell einnehmen und auch halten wird. Erst viel später, wie beim Sitz aus der Bewegung auch, beginne ich damit, die Übung mit Platz abzuschließen.

Ich habe bis heute viele Varianten gesehen, Hunden das Steh beizubringen. Niemand konnte mir aber erklären, warum es Hunde gibt, die wie angewurzelt stehen bleiben, während andere noch wenige Schritte laufen. Bei jeder Methode gibt es sie, die »Nachtrippler«, aber auch diejenigen, die sofort einhängen und erstarren.

Schlusswort

ICH HABE VERSUCHT, Ihnen einen Weg in den Hundesport zu zeigen, auf dem Sie Ihren Teamkollegen, den Hund, von Anfang an und konfliktfrei an die gestellten Anforderungen heranführen können.

Die Grundausbildung habe ich in kleine Schritte unterteilt. Für jeden weiterführenden Schritt müssen zuerst die vorangehenden Elemente von Hund und Hundeführer beherrscht werden. Nur so wird Ihr Hund freudig die Ausbildung durchlaufen können. Bitte verzichten Sie bei der Ausbildung Ihres Hundes auf Psychoterror und körperlichen Schmerz. Er wird es Ihnen danken und bis ins hohe Alter mit Begeisterung und Freude an jedem Training teilnehmen.

Ich wünsche Ihnen und Ihrem Hund viel Vergnügen in der Ausbildung, und vergessen Sie nie: **NICHT DER GIPFEL, SONDERN DER WEG DORTHIN IST DAS ZIEL!**

Minilexikon:

In der Unterordnung werden viele Begriffe verwendet, deren jeweilige Bedeutung in der Prüfungsordnung klar definiert ist.
Da nicht jeder Leser die Prüfungsordnung parat haben wird, sind hier die wichtigsten Fachwörter und Abkürzungen noch einmal erläutert.

Apportieren: *»Der neben dem Hundeführer frei sitzende Hund muss auf dessen Verlangen, in schneller Gangart, auf den mindestens 6 m geradeaus fortgeworfenen Gegenstand zulaufen, diesen sofort aufnehmen, dem Hundeführer in schneller Gangart auf dem kürzesten Weg bringen, sich vor den Hundeführer hinsetzen, den Gegenstand ausgeben und sich nachher wieder an den linken Fuß des Hundeführers setzen. Der Hund darf mit dem Gegenstand nicht spielen, nicht knautschen und ihn nicht fallen lassen. Einmaliges, im Arbeitseifer vorkommendes Nachfassen des Gegenstandes wird nicht bestraft.« (Auszug aus der PO der SKG)*

BH I–III: *Begleithund, Klasse I bis III: Eine in der Prüfungsordnung der SKG definierte Prüfungsklasse.*

Folgen frei: *»Der Hund muss seinem Hundeführer in jeder Gangart und Richtung willig und freudig so folgen, dass er sich mit der rechten Schulter dauernd dicht neben seinem Hundeführer auf der Höhe des linken Knies befindet. Beide Arme sind zwanglos zu bewegen.« (Auszug aus der PO der SKG)*

Grundstellung: *»Bei jedem Anhalten hat sich der Hund, ohne Beeinflussung, sofort parallel zum Hundeführer und nahe dem linken Fuß zu setzen, Schulter auf Kniehöhe des Hundeführers.« (Auszug aus der PO der SKG)*

Hochsprung, Klasse Begleithund I: *»Der Hundeführer stellt sich mit abgeleintem Hund vor der Hürde auf. Die Hürde ist 20 oder 50 cm hoch. Hundeführer und Hund marschieren auf die Hürde zu, der Hund überspringt, ohne zu berühren, das Hindernis, der Hundeführer geht rechts daran vorbei, nimmt den Hund nach dem Hindernis wieder bei Fuß und hält nach etwa 5 m an, Hund in Grundstellung.«*

Hochsprung, alle anderen Klassen: *Der Hundeführer stellt sich mit abgeleintem Hund vor der Hürde auf. Die Hürde ist 20 oder 50 cm hoch. Der Hund springt hin und zurück, ohne die Hürde zu berühren. Alsdann hat er sich sofort wieder korrekt am linken Fuß des Hundeführers zu setzen. Der Hundeführer darf seinen Standort nicht verlassen und hat sich absolut ruhig zu verhalten.« (Auszug aus der PO der SKG)*

IPO: *Internationale Prüfungsordnung.*

Kriechen: *»Der Hund hat auf einer Geraden von 10 m zu kriechen. Zu Beginn muss er Platz machen. Während des Kriechens sind mehrere Hör- und Sichtzeichen sowie Atempausen erlaubt. Der Hundeführer darf mitkriechen oder nebenher gehen, fehlerhaft ist jedoch jedes Berühren des Hundes. Nach dem Kriechen hat sich der Hund erst auf Kommando des Hundeführers zu setzen.« (Auszug aus der PO der SKG)*

Lautgeben: *»In Sitzstellung vor dem Hundeführer hat der Hund auf Kommando sofort wenigstens dreimal kräftig Laut zu geben, d. h. der Hund soll bellen.« (Auszug aus der PO der SKG)*

Leinenführigkeit: *Gleiche Übung wie das Folgen frei, nur dass der Hund angeleint vorgeführt wird.*

ÖKV: *Österreichischer Kynologenverband*

Platz, Sitz: *siehe »Setzen, Legen«.*

PO: *Prüfungsordnung*

SanHI–III: *Sanitätshund, Klasse I bis III. Eine in der Prüfungsordnung der Schweizerischen Kynologischen Gesellschaft definierte Prüfungsklasse.*

Setzen, Legen: *»Der unangeleinte Hund muss am linken Fuß parallel zum Hundeführer und in Frontstellung sich je einmal legen und setzen. Beim Liegen hat der Hund die Pfoten nach vorne ausgestreckt (Sphinxstellung). Beim Sitzen hat der Hund die Vorderbeine senkrecht zu stellen und darf nicht kippen.« (Auszug aus der PO der SKG)*

Sitz aus der Bewegung: *»Der unangeleinte Hund muss am linken Fuß parallel zum Hundeführer und in Frontstellung sich je einmal legen und setzen. Anschließend gehen Hund und Hundeführer 5 m geradeaus, wo der Hund auf ein Hörzeichen des Hundeführers sich sofort setzen und ruhig sitzen bleiben muss. Der Hundeführer geht, ohne sich umzudrehen, noch 20 m weiter, bleibt stehen und dreht sich mit einer Kehrtwendung zu seinem Hund um. Auf ein Hörzeichen des Hundeführers hat sich der Hund sofort je einmal korrekt zu legen und zu setzen. Beim Liegen hat der Hund die Pfoten nach vorne ausgestreckt (Sphinxstellung). Beim Sitzen hat der Hund die Vorderbeine senkrecht zu stellen und darf nicht kippen. Auf Abruf muss der Hund sofort und auf kürzestem Weg in rascher Gangart an die linke Seite des Hundeführers in Sitzstellung gehen.« (Auszug aus der PO der SKG)*

SKG: *Schweizerische Kynologische Gesellschaft*

Steh: *»Stehen bleiben: Der Hundeführer läuft mit seinem frei Fuß folgenden Hund 5 m geradeaus, lässt den Hund stehen bleiben, während er selbst in gerader Richtung weiterläuft, ohne seine Gangart zu unterbrechen oder sich umzudrehen, dreht sich nach einer Distanz von etwa 20 m um und lässt, in dieser Entfernung stehen bleibend, den Hund sich hinlegen (Sphinxstellung). Nach einer kurzen Pause geht der Hundeführer zu seinem Hund und stellt sich an dessen rechte Seite. Der Hundeführer beendet die Arbeit, indem er den Hund in Sitzstellung nimmt.« (Auszug aus der PO der SKG)*

VDH: *Verband für das Deutsche Hundewesen e.V.*

Voran: *»Voran mit Hinlegen: Der Hundeführer marschiert etwa 5 m mit dem unangeleinten Hund korrekt bei Fuß, wonach er diesen auf eine Distanz von etwa 10 m (20 m oder 40 m, je nach Klasse) in gerader Richtung voranschickt. Geringe Abweichungen des Hundes nach rechts oder links sind gestattet. Dort hat sich der Hund rasch hinzulegen und zu verharren, bis er vom Hundeführer abgeholt wird. Der Hundeführer beendet die Arbeit, indem er den Hund in Sitzposition nimmt. Kippen beim Liegen ist nicht fehlerhaft. Der Hund darf sich beim Hinlegen gegen den Hundeführer wenden, seinen Standort aber nicht verlassen.« (Auszug aus der PO der SKG)*

Weitsprung: *»Der Hundeführer stellt sich mit abgeleintem Hund vor dem Weitsprung auf. Der Hund hat das Hindernis von 50 oder 100 cm Länge frei zu überspringen, ohne dieses zu berühren. Der Hundeführer begleitet den Hund beim Anlaufen. Während der Hund das Hindernis überspringt, läuft der Hundeführer an diesem vorbei. Nach dem Sprung wird der Hund auf Kommando des Hundeführers bei Fuß genommen. Beide marschieren weiter. Nach etwa 5 m hält der Hundeführer an, Hund in Grundstellung.« (Auszug aus der PO der SKG)*

Nützliche Adressen

Schweizerische Kynologische Gesellschaft (SKG)
Geschäftsstelle
Brunnmattstraße 24
CH-3007 Berne
Tel.: +41 (0)31 306 62 62
Fax: +41 (0)31 306 62 60
E-Mail: info@skg

Österreichischer Kynologenverband (ÖKV)
Geschäftsstelle
Siegfried Marcus-Str. 7
A-2362 Biedermannsdorf
Tel.: +43 (0)22 36/710 667
Fax: +43 (0)22 36/710 667-30
E-Mail: office@oekv.at
www.oekv.at

Verband für das Deutsche Hundewesen (VDH)
Geschäftsstelle
Westfalendamm 174
D-44141 Dortmund
Tel.: +49 (0)2 31/5 65 00-0
Fax: +49 (0)2 31/59 24 40
E-Mail: info@vdh.de
www.vdh.de

Deutscher Verband der Gebrauchshundsportvereine e.V. (DVG)
Geschäftsstelle
Ennertsweg 51
D-58675 Hemer
Tel. +49(0)23 72/55598-0
E-Mail: info@dvg-hundesport.de
www.dvg-hundesport.de

Fédération Cynologique International Secrétariat Général de la FCI
Place Albert 1er, 13
B-6530 THUIN
Belgien
Tel.: +32 (0)71/59.12.38
Fax: +32 (0)71/59.22.29
www.fci.be

Stichwortverzeichnis